karl gamper

Erfolg ist menschlich

geschichten, die die wirtschaft schreibt.
strahlende beispiele.

edition.SIGN.ag

erfolg & spirit

Karl Gamper
ERFOLG IST MENSCHLICH
Geschichten, die die Wirtschaft schreibt. Strahlende Beispiele.

In Kooperation mit:
J.Kamphausen Verlag & Distribution GmbH, Bielefeld
www.weltinnenraum.de

Visuelle Inszenierung: Jwala und Karl Gamper
Cover: Paul Sürth (Foto) mit einem Sign by Jwala
Buchinnenteil: Signs by Jwala
Fotos: Jwala Gamper, Paul Sürth, Paul Dahan, Fotolia. Privat.
Bild Seite 32: Anne Hild
Photonenbilder: Seite 37ff ISR-Institut
Satz, Druck & Verarbeitung: Sterndruck, 6263 Fügen - Austria

1. Auflage Herbst 2009 - 25.000 Exemplare
Die Deutsche Bibliothek – CIP – Einheitsaufnahme

Ein Titelsatz für diese Publikation ist bei der
Deutschen Bibliothek erhältlich.

ISBN 978-3-9523373-2-5

für

Philipp

in achtsamkeit,
respekt und liebe.

dad

Have a Look

1| www.lanserhof.at

2| www.hacker-feinmechanik.de

3| www.id.co.at / cmoregroup.cc / c-more.cc / thankyoo.com

4| www.my-Cocoon.eu

5| www.weingut-tauss.at / weingutmuster.com / werlitsch.com

6| www.brainbox.at

7| www.horus-k.de

8| www.kdg-mt.com

9| www.feldkircher-medienpartner.com

10| www.ulrikestahl.de / teleseminare.net / kanzlei-bleier.de

11| www.business-and-spirit.de

12| www.goulbier.de

13| www.florians.eu / geldcoaching.at

14| www.jantschke-steuerberater.de

15| www.bni-sachsen.de / bni.eu / bni.com

16| quibono.onoxo.de / www.onoxo.de

17| www.sterndruck.at

18| www.lichtblick4you.li

19| www.pekana.com

20| www.cuoreVita.net / humboldt-apotheke.de

21| www.tempelhof-uffikon.ch

22| www.vital-central.at

23| www.musikerseiten.de / musikerseiten.de/erfolg-ist-menschlich

24| www.SIGN.ag / gamper.com / SignTime.cc / meinWEG.cc

einstimmung. die lupe.

Wenn der Ruf nach dieser Art zu leben so stark wird, dass ich nicht mehr anders kann:

Ich wähle die

Freude

Wenn alles um mich herum zu geschehen beginnt …
wenn ein Wunder auf das nächste folgt …
und sich Leben neu zeigt …

dann folge ich meiner inneren Spur
und mein Beitrag ist ein Beitrag
zum Wohle aller.

Jede dieser 24 Geschichten ist ein Beispiel von Frauen und Männern,
die dem Ruf nach einem authentischen beruflichen Ausdruck
vorbildlich gefolgt sind.

Es sind Geschichten, die nicht zu planen sind.

Geschichten,
die Mut machen und danach rufen,
die Verantwortung für ein gut gelebtes Leben
in die eigenen Hände zu nehmen.

Denn:

Erfolg ist menschlich

Die Einladung ist, schauen Sie durch diese Lupe auf jeden einzelnen Beitrag in diesem Buch. Lauschen Sie auf die Botschaft, die auf Sie wartet. Lassen Sie sich überraschen. Wenn Sie „Erfolg ist menschlich" durch diese Lupe aufnehmen, so erkennen Sie ein Muster, eine Matrix.

Wo Sie beginnen zu lesen, ist nicht wichtig.
Viel wichtiger ist, jenen Klang zu hören, der Ihrer ist. Unsere Lupe beabsichtigt Fingerzeige zu vergrößern, die Ihren Weg erleichtern.
Diese sind in das gesamte Buch eingeflochten. Wenn Sie so schauen, dann gehen Sie auf eine sehr inspirierende Pirsch.
Wählen Sie das Wunder – und das Wunder wählt Sie.

Wir freuen uns so sehr, mit Ihnen diesen Weg zu gehen.
Willkommen.

Jwala und Karl Gamper

healthcare. lanserhof. lans_med_concept.

Gelebte WIR-Kultur.

Unsere Reise beginnt auf einem Sonnenplateau. Nehmen Sie Platz.
Spüren Sie, wie sich sanft Gegenwart öffnet?
Auch wenn wir für den Moment jetzt das Reich der Fantasie einladen, der Vorstellungskraft – so kann diese doch gegenwärtig sein. Und damit auf geheimnisvolle Weise real. So sitzen wir nun gemeinsam in einem Raum im Lanserhof, dessen unsichtbare Codierung Balance ist. Die Tische scheinen wie nach dem Goldenen Schnitt geordnet, doch vollkommen jenseits einer linearen Struktur.
Die Tasse vor uns hat jenes brüchige Weiß, das Ästhetik atmet. Und obwohl der Raum voll ist mit anderen Menschen, mit Gästen, belebt eine Stille den Augenblick, die auf angedockte Art zur Einkehr ruft. Zu einem Rendezvous mit uns selbst.

Wir sind in Lans. Tirol. An der äußeren Kante eines Hügels.
Wir heben den Blick und ein langes, rechteckiges Glasband in der Wand – einem Schlitz ähnlich – zeigt uns einen proportionierten Ausschnitt der Alpen, die sich auf der anderen Talseite zeigen. Steinerne Türme der Ewigkeit. Felsformationen unter dem weiten Himmel. Wir ahnen das Tal. Ahnen die Stadt Innsbruck – doch unser Auge sieht nichts von all dem. Etwas in uns ist berührt von der Kraft dieser Inszenierung. Einer Inszenierung, die meisterhaft die Natur einbezieht.
Die Weite des ruhenden Blicks, den Wandel der Tageszeiten und des Lichts, den Bogen des Jahres im Moment. Einerseits. Und anderseits die erlesenen Elemente wegweisender Architektur. Einer Architektur, die das Ganze und das kleinste Detail umarmt und deutlich über sichtbare Formen hinausreicht. Denn diese hier – im Lanserhof – gelebte und erfahrbare Architektur integriert auch die Architektur des Teams, des Unternehmens-Geistes, der Unternehmens-Kultur; sowie die soziale Struktur des Ortes und das über alle Kontinente ausstrahlende Verständnis neuer Medizin; energetic medicine. Zählen internationale Magazine wie VOGUE oder ELLE die „Leading hotels“ der Welt auf im Bereich „Best of Health“ – und wird für jeden Kontinent nur ein Haus genannt, so steht für Europa:
Lanserhof – mit dem wegweisenden LANS_MED_CONCEPT.
An den Fingern einer Hand unter den besten der Welt. **Ist das ein Erfolg?**

Ein Erfolg mit dieser Strahlkraft, mit dieser Vitalität – kann nur aus einem WIR entstehen. Kann nur entstehen, wenn Menschen wie intelligente Zellen zusammenwirken und: ?
Und wenn es darin eine ausrichtende Kraft gibt, einen Fokus, einen energetischen Finger, der in eine unsichtbare Richtung zeigt auf einen Punkt am Horizont des Denkens. Es ist eine paradoxe Verbindung aus Klarheit und Unschärfe; aus Gegenwärtigkeit und Vision; aus Partikel- und Wellenrealität – wollen wir uns in der Sprache der Quantentheorie diesem Phänomen nähern. Es braucht ein Ja, eine innere Bereitschaft für einen Tanz aus täglicher Anforderung und optionaler Zukunft. Einer Zukunft, die wir aufladen können, die wir gestalten können, der wir eine Struktur und einen Boden legen können, damit sie zur Form gerinnt. Und was ist die Voraussetzung dafür?
Wir müssen, wie die Schamanen sagen, das „Gras wachsen hören."
Wir brauchen einen inneren Referenzpunkt für das Unsichtbare.
Einen Wohlraum in uns, in den wir das Unbekannte einladen.... eine Kultur dafür, das Unsichtbare nur ahnend, luzid und schemenhaft – zu erträumen.
Ja, und noch etwas. Etwas fundamental Wesentliches. Etwas, das sich nicht kaufen, wohl jedoch üben lässt. **Ich spreche von Mut.**

Und ich spreche von einem Mann, der vor einem Viertel Jahrhundert aufgebrochen ist, um aus dem Landgasthof Lanserhof mit Fremdenzimmern und einer Pizzeria ein Mekka der Elitemedizin zu formen. Hier kommt **Andreas Wieser**, geschäftsführender Gesellschafter, Professor und Mastermind. Ich habe das Privileg und – das sage ich mit großer Bewusstheit – die Ehre, diesen Mann seit über 25 Jahren zu meinem innersten Freundeskreis zu zählen. Andreas war seit Beginn und ist es geblieben meine nahe Benchmark für die Verbindung von innerem Wachstum und äußerem Erfolg. Ich möchte nicht übertreiben, doch mir scheint, ich habe von niemandem über die Jahre so viel gelernt über die Synthese von Business und Spirit wie von ihm. Wir leben eine gute Männerfreundschaft. Sehr brüderlich. Nicht inflationär. Unsere homöopathischen Treffen sind Begegnungen der Tiefe. Wir tauschen aus. Und nehmen uns dafür Zeit. So gut wie immer über mehrere Stunden, manchmal auch einen ganzen Tag oder sogar Tage. Dann ist wieder gut. Wir telefonieren ab und an – und haben einander im Blick.
Aus dieser Haltung der Augenhöhe schreibe ich hier über Andreas Wieser und den Lanserhof. Denn ich möchte – abgestimmt mit ihm – den Lesern eine Tür öffnen zu einer Möglichkeit.
Andreas ist ein begabter, intelligenter Mann. Seine Eltern waren Hoteliers. Seine Großmutter eine Weise, die Ratgeberin des kleinen Ortes seiner Kinderjahre.

So lernte er von Jugend an, einerseits Bezüge herzustellen zu stabilen und nahen Menschen, anderseits auch das Kommen und Gehen der Gäste zu inhalieren. Er studierte an der ältesten Hotelfachschule der Welt, der berühmten Ecole hôtelière de Lausanne und parliert fließend englisch, französisch, spanisch und selbstverständlich auch deutsch. Für mich ist es ein nie erlahmendes Vergnügen, ab und an – selten genug – durch die internationale Schar seiner Gäste zu floaten und ihm zuzuhören. Spricht er spanisch, so verändert sich kaum merklich seine Haltung und vor meinem inneren Auge tauchen Bilder seiner Erzählungen aus Jugendjahren auf, als er durch Mexiko zog. Jahr für Jahr. Während der Sommerferien. Er kam an die entlegendsten Orte, hörte Medizinmännern zu, übte Rasseltrancen, erfuhr andere Bewusstseinszustände und viele seiner damaligen Erfahrungen sind in die Heilsysteme im Lanserhof und auch in sein persönliches Verständnis des Heilens und des Heilwerdens mit eingeflossen.
Seine ersten großen beruflichen Herausforderungen und Bewährungsproben waren das 5-Sterne-Hotel Le Bristol in der Rue Faubourg St. Honoré in Paris, später der legendäre „Löwe" in Schruns und die Robinson-Clubhotels, für die er mit Franz Klammer an der Seite ein radikal neues Konzept ersann und umsetzte. **Bald darauf kam der Lanserhof.**

Bruch und Konzentration.

Und hier zeigte sich im Konzert seiner Talente eines seiner größten. Es ist die Kunst des Bruchs. In meiner Sprache die Kunst der bewussten, absichtlichen, positiven Provokation.
Andreas Wieser versteht es meisterhaft, Brüche der konventionellen Sichten zu inszenieren. Er selbst ist ein Non-Konformist der allerfeinsten Art.
Der Bruch aus dem Gewohnten führt immer in ein neues Jetzt. Lässt die Aufmerksamkeit sozusagen in die Senkrechte kippen. Ist der Bruch gut vorbereitet, von der Energie der Freude, der Achtsamkeit und der Evolution getragen, so kippt das System aus sich heraus auf eine höhere Oktave.

Der erste große Bruch im Lanserhof war natürlich, diesen aus der Beliebigkeit eines Landgasthofes herauszuführen und spitz und konzentriert auszurichten auf Gesundheit. Doch Gesundheit ist viel zu breit. Deshalb konzentrierte er das Angebot – einem Laser gleich – auf Entsäuerung, auf Entschlackung, auf die Reinigung des Darms.

Die Erkenntnisse und Einsichten des genialen Arztes F.X.Mayr bildeten das Fundament und der damalige Vorsitzende der F.X.Mayr-Gesellschaft, Dr. Erich Rauch, wurde ein wegweisender Begleiter.

Andreas Wieser integrierte die grandiose Natur auf dem Sonnenplateau und die urige, gewachsene Struktur des Ortes Lans in das Gesundheitszentrum und: Startete eine nie erlahmende, stetig sich weitende und ausbreitende Welle der Innovation und der Integration des Neuen. Schritt für Schritt und doch in Sprüngen entstand das einzigartige LANS_MED_CONCEPT.

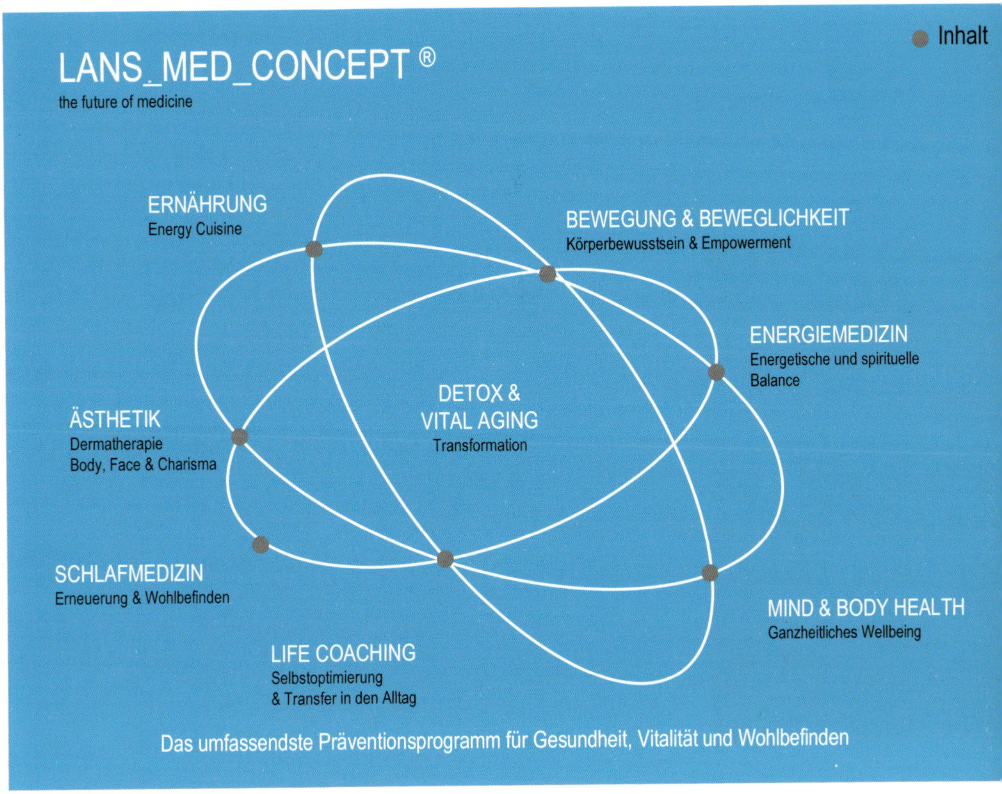

Evolution als Erfolgstreiber.

Ein erheblicher Teil des Umsatzes vom Lanserhof fließt in die Forschung, in Kooperationen mit Universitäten, Labors und Zukunftsinstituten. Dadurch wurde der Blick über den eigenen Tellerrand institutionalisiert und auch mit Ressourcen ausgestattet.

Und so kommt es zu einer permanenten Befruchtung aus unterschiedlichen Quellen. Da sind an erster Stelle die Gäste, deren Anliegen, deren Bedürfnisse, deren Lebensumstände, deren Fragen … die zentralen Treiber sind. Anderseits kommen natürlich kreative Impulse aus aller Welt, wenn der Blick dafür offen gehalten wird und ein Echo findet im eigenen Team. Bei den Ärzten, den Therapeuten, dem Service, der Küche – einfach bei allen.

In allem.

Die Verpflichtung zu einem offenen Werden, ausgerichtet auf das Beste im Kontext des Unternehmens, ist der soziale Sound im Lanserhof. Andreas Wieser schuf dafür die Matrix, das unsichtbare Muster, damit sich dieses offene Werden entfalten kann. Damit Evolution den Boden der Umsetzung erhält. Prof. Wieser: „Ich verstehe mich wie ein Galerist, der den unterschiedlichsten Talenten eine Bühne bietet, allerdings ausgerichtet auf integrale Gesundheit für unser Klientel." Aus dieser Haltung verband sich Organismus mit Organisation zu einer permanent lernenden Organisation. Das ist nur möglich, wenn im Unternehmen Geborgenheit in der Veränderung verankert ist und wenn es ein erfahrbares Verständnis für natürliche Ordnung einerseits gibt und für Brüche und Innovation anderseits.

Daher versteht sich Andreas Wieser in erster Linie als Coach eines virtuosen Teams. Er gestaltet durch gemeinsame, tragfähige Vereinbarungen, durch Irritation, durch Attraktoren und durch das Prinzip des Vakuums. All das ruft letztlich eine natürliche Ordnung hervor. Die gemeinsamen Vereinbarungen sind gut aufbereitete Konzepte, die als Leuchtfeuer für unterwegs dienen.
Nun, das sind jetzt viele Worte, die nach einer Erklärung rufen…

Die Basis unseres Lebens ist eine natürliche Ordnung.

Das Gedächtnis für diese natürliche Ordnung könnten wir **„innere Wahrheit"** nennen. Jeder Mensch, jede Frau, jeder Mann – hat in sich ein Gespür für Stimmigkeit, für das rechte Maß, für Balance. Für das, was sich aus einer Situation als angebrachtes und daher als stimmiges Handeln anfühlt. Die Kunst der Führung besteht darin, dieser „inneren Wahrheit" – dieser Stimmigkeit in Verbindung mit persönlicher Kompetenz und Fähigkeit – Raum zu geben. Und zwar möglichst umfassend. Auch in der äußeren Form!
Andreas Wieser spricht daher von **„Führen durch Vakuum."** Durch die Abwesenheit einer von außen kommenden Intervention |des Chefs, der Chefin| öffnet sich im Einzelnen der Raum für persönliche Kompetenz. Führung durch Vakuum ist somit ein „doing by non-doing;" – ein absichtsvolles Geschehen-Lassen. Das wiederum bedeutet, dass wir innerlich den Fokus halten müssen, sonst entsteht Chaos. Gleichzeitig können wir darauf vertrauen, dass die Natur kein Vakuum zulässt und es daher zu Lösungen aus der Kompetenz der Menschen in einem attraktiven Team kommt.

Insbesondere dann, wenn Wertschätzung, Achtsamkeit und Anerkennung tragende Grundwerte einer **gelebten Spielkultur** unter den Mitarbeitern sind. **Führung durch Irritation** bedeutet im Lanserhof, sowohl der Schulmedizin als auch der alternativen Medizin, der Energiemedizin, der TCM |Traditionelle Chinesische Medizin| als auch der schamanistischen Naturmedizin einen gleichwertigen Platz einzuräumen. Dadurch entstehen gegenseitige Befruchtungen der unterschiedlichsten Ansätze auf höchstem Niveau, getragen von Intelligenz und ausgerichtet auf die individuelle Situation des Gastes.

- „Was unterstützt diesen?“
- „Welche Angebote können wir geben?“
- „Was können wir – im klaren Sehen des individuellen Gastes – diesem empfehlen?“

Führung durch Irritation unterläuft somit auf geschickte Art lineare Gleichförmigkeit und öffnet selbstorganisierend Interventionen aus scheinbar gegensätzlichen Bereichen. Ein Portfolio aus Möglichkeiten, die synergetisch zusammenwirken, entfaltet sich. Genau diese Synergien bilden die Attraktoren des Systems Lanserhof, ausgedrückt als integratives
LANS_MED_CONCEPT.

Was ist ein Attraktor?

Das Wort ist ein Fachbegriff aus Mathematik, Physik und Systemtheorie. Ein Attraktor wirkt auf ein System anziehend. Eine schöne Frau ist für einen Mann attraktiv. **„Führen durch Attraktoren“** ist somit eine Kunst, die auch gelernt werden kann. Im Lanserhof hat Andreas Wieser als Meisterarchitekt diese Kunst zu einer grandiosen Blüte geführt! Mehr noch: Gemeinsam mit seinen Leuten, gemeinsam mit den Gästen, den Lieferanten, den Beratern – entstand ein Feld, das er „healing ambience“ nennt. Wir sprechen also vom heilenden Milieu eines Feldes. Die zentrale Einsicht dazu kommt aus der Spitzenwissenschaft. Diese lehrt und beweist uns: Die Informationen aus dem Umfeld, gepaart mit unserer Wahrnehmung, unseren Denk- und Fühlprozessen, unserer Ernährung, der Bewegung unseres Körpers, sind die Quellen jener Veränderung, die wir **heilende Transformation** nennen können.

Zusammenfassung:

Der Lanserhof ist weltweit ein einzigartiger Kraftplatz. Hier wird Frohmedizin angewandt, um im bio-psycho-sozialen System der Gäste Freude zu verankern. Denn der Mensch wird im Lanserhof als multidimensionales Wesen erkannt und in Folge dessen auch so behandelt. Diese Behandlung umfasst die biochemische Sicht auf den Körper. Zu diesem Bereich zählen auch Ernährung, Flexibilität, Ausdauer und Kraft.

Eine weitere Ebene ist die energetische Perspektive, also die Zellschwingung, die magnetische Frequenz, der Lichtstoffwechsel, die Meridiane, die Selbstregulation. Diese energetische Ebene wird im Lanserhof unter dem Begriff **„Leib“** zusammengefasst.
Zudem wird die mentale Perspektive eingebunden, also die Kraft unseres Denkens wie auch die Auflösung von Hinderungen aus unseren Selbstsabotage-Programmen. Zum Mentalen gehört auch das weite Feld der Überzeugungen und Tiefen-Kodierungen. Ergänzend und gleichwertig kommt die seelische Perspektive hinzu, gemeint ist damit der grandiose Raum unseres Fühlens, das Fühlbewusstsein. Darüber hinaus wird eine spirituelle Dimension integriert, wie die Kultivierung von Stille. Auch diese hat – jenseits jeglicher Dogmatik – Platz.

Das synergetische Zusammenwirken dieser und anderer Faktoren führt zu jenem kaskadenartigen Erfolg, der sich im Organismus der Gäste ausdrückt und der Basis jedes gut gelebten Lebens ist.

Prof. Andreas Wieser: „Aus meiner Sicht geht Glückseligkeit über den Leib. Über den Leib aktivieren wir den natürlichen und nachhaltigen Code des gesunden Werdens in unserem Körper. Glückseligkeit in den Organismus und damit in die Matrix der alltäglichen Lebensausrichtung zu bringen, ist unser Weg. Unser Erfolg gründet darauf, dieses stille Glück, diesen inneren Frieden, dieses Angekommen-Sein im Leben – integral, kraftvoll und spielerisch im Alltag zu verankern und auszudrücken. Mit Leichtigkeit. Wenn wir so in das Panorama unseres Lebens blicken, dann sehen wir – wie durch ein gestrecktes Glasband – die Brücke, die das Unsichtbare mit dem Sichtbaren verbindet.“

*| Während der Produktion dieses Buches bekam der Lanserhof den „European Medical Spa Award.“ Dies ist die höchste und härteste Auszeichnung der Branche. Bei der Begründung hieß es unter anderem: „Niemand treibt die Dynamik der Medical Tourism Branche mehr an als Prof. Andreas Wieser.“ Wir gratulieren! Von Herzen.

| Wer Lust bekommen hat, sich tiefer auf diese Form des Medizin- und Gesundheitsverständnisses einzulassen, kann in Kürze über den Handel das Buch **„Das gesunde Werden“ beziehen. Andreas Wieser arbeitet mit der Wissenschaftlerin Silke Seemann an einer erzählenden Beschreibung. Es geht dabei um die Begleitung fünf fiktiver Gäste durch das Spektrum der Leistungen des Lanserhofteams. Interessant ist die Hintergrundperspektive, die dem Leser spannende Zusammenhänge und Synergien zeigt.

Lanserhof
Gesundheitszentrum Kurhotel
Kochholzweg 153
6072 Lans bei Innsbruck
Austria

fon +43 512 386660
fax +43 512 378282

info@lanserhof.at
www.lanserhof.at

karl hacker der unternehmer als komponist & arrangeur

Es ist noch nicht so lange her. Und doch … Es war einer dieser unvergleichlichen frühen Sommerabende. Lau. Mit jenem Schmelz in der Luft, die gute, ja beste Laune verspricht. Wo wir uns innerlich so aufrichten wie ein Bär, der den Honig schnuppert.
In dieser Laune und in dieser Beschwingtheit freuten Jwala und ich uns auf ein Fest von Silvia und Karl Hacker. Eine brasilianische Band „presents Music of Antonio Carlos Jobim"

Muss ich noch mehr sagen?
Antonio – Carlos – J O B I M.

Dem legendärsten der brasilianischen Komponisten. Mit der unvergleichlichen Maucha Adnet, deren Schönheit nur von der Vollendung ihrer Stimme übertroffen wird. Und die in allen großen Häusern der Welt sang.
Der Carnegie Hall in NY oder der Hollywood Bowl in LA.
An den drums – Duduka Da Fonseca; piano – Helio Alves.

Was immer Sie sich ausmalen, es wurde von der Wirklichkeit übertroffen.
Wir waren im Weißen Haus der Hacker Feinmechanik. Silvia und Karl Hacker begrüßten die illustre Schar der Gäste, deren Kleidung ein „cross culture" war aus Niederbayern und Brazilian Music. In der Pause stand ich vollkommen verzaubert im Garten. Irgendwie entrückt. Da kam Karl Hacker auf mich zu und sagte: „Karl Gamper, ich habe die Buchidee für dich!"
Ich, mit erhobenen Händen, lachend: „Karl Hacker, sag sie mir."
Er: „Karl Gamper, du musst das schreiben."
Ich: „Karl, lass hören."
Er: „Der Unternehmer als Komponist und Arrangeur." Und weiter: „Und falls du das machst, bin ich dabei."

Das Buch, das Sie in Händen halten, ist das Ergebnis dieses Abends. Der Titel hat sich gedreht, doch die Grundidee hat sich verfestigt. Ein Buch mit Beispielen. Ein Buch über Unternehmer zum Anfassen. Ein Buch, das Neues Denken in der Wirtschaft belegt und das einen Bogen spannt in die paradoxe Welt der Quantentheorie. Ein Buch, das Einsichten der Weisheitslehren aus aller Welt am Marktplatz verankert und das die ureigenste und wichtigste aller Aufgaben eines Unternehmers deutlich in den Vordergrund stellt.

Welche Aufgabe ist das?

Es ist die Aufgabe, die Unternehmens-Idee zu komponieren, zu formen, zu festigen, zu schützen, zu erweitern, anzupassen, zu verändern; neu zu arrangieren. Wieder. Und immer wieder. Der Unternehmer als Kreator, als Komponist, als innovativer Geist in unserer Gesellschaft. Der Unternehmer als jener, der **am** Unternehmen arbeitet und weniger **im** Unternehmen.
Karl Hacker und ich haben uns vorgenommen, weniger über die Hacker Feinmechanik zu schreiben[11] – sondern mehr darüber, wohin es uns forschend führt, wenn wir Unternehmen als Orchester sehen und uns die Frage stellen:

- Auf welchem Nährboden entsteht Kreativität?
- Welchen Wert hat der Gedanke, eine Unternehmens-Idee als Komposition zu sehen und
- eine Belegschaft als Orchester?

Und was bedeutet es konkret im Alltag, **am** Unternehmen zu arbeiten?
Weiters wollten wir das Feuer, den Rhythmus des Abends, das Zusammenspiel, die Freude … für dieses Forschungsprojekt aufrecht erhalten. Das Aroma von „Brazilian Music". Und wir möchten Ihnen einen Nutzen bieten mit einem Unternehmer-Bild, das weder in unserer Gesellschaft so verankert ist noch so an unseren Universitäten gelehrt wird.

Das Ergebnis stellen wir Ihnen hier in Bildern vor.

1. Bild: Kreativität

Aus dem Nichts kommt ein Gedanke. Wir müssen das nicht in Gänze verstehen. Doch damit wir den kreativen Impuls wahrnehmen, braucht es in uns die Qualität des nach innen Lauschens. Einen inneren Raum der Stille. Der Offenheit für Neues. Wenn alles Geist ist – wie uns die Weisheitslehrer aller Welt vereint mit den besten Denkern und Wissenschaftlern der Gegenwart sagen – dann ist ein Gedanke in diesem Meer aus Bewusstheit wie ein Tropfen. Dieser kommt aus dem geistigen Feld und wird in unserem Gehirn als Idee wahrgenommen.
Der Gedanke wird allerdings nur dann registriert, wenn er mit unseren Fähigkeiten, unserer Ausrichtung … korrespondiert.

Jemand, der beispielsweise weder Ahnung noch Interesse hat an Quantenphysik, wird kaum dazu eine bahnbrechende Idee haben. Es braucht in uns so etwas wie eine Neugierde, einen Kontext für Gedanken, damit die rechten Ideen mit uns in Kontakt kommen. Wir alle denken aus einem kontextbezogenen Feld. Kreativität ist, den Rahmen dieses Feldes deutlich zu erweitern. Uns in eine entsprechende Frequenz zu bringen.
Der beste Weg dazu ist Stille. Damit das Neue Platz bekommt.

2. Bild: Das Ahnen der Idee

Worauf immer wir uns einstimmen … aus dieser Einstimmung entsteht eine Art Sog. **Ideen fallen uns zu.** Fingerzeige. Möglichkeiten. Chancen zeigen sich. Ein inneres Gespinst aus Gedankenfäden scheint sich zu flechten. Und wir spüren das in unserem Herzen. Es fühlt sich stark an. Stimmig. Richtig. Freudig. Erwartungsvoll. Es mag zwar alles noch recht verworren sein, doch ein Kern beginnt sich zu zeigen, um den sich ein Kokon aus Bildern und Ideen zu ranken beginnt. Um im Bild des Komponisten zu bleiben: Wir beginnen, die ersten Töne fühlend zu hören. Wir bekommen eine Ahnung von der Richtung, in die es gehen könnte. Weniger der Verstand ist in diesen Stunden unser wichtigster Ratgeber – sondern der Hunger, etwas in die Welt zu gebären.

3. Bild: Das Formen der Idee

Nun wird die Zeit reif… und hier beginnt sich die Spreu vom Weizen zu scheiden. Denn die Welt ist voll von brillanten Ideen, die niemals die Schönheit einer Form erfuhren. Die niemals den Boden berührten. Diese Ideen bleiben Schall und Rauch. Doch für uns als „Komponisten" geht es nun darum, unsere „Musik" schriftlich zu formen und willkommen zu heißen als unser Ideenkind. Sie schreiben die ersten Noten. **Der Grundriss einer Partitur entsteht.** Das eine Wort, das alles entscheidet und den Unterschied macht heißt: Schriftlichkeit; aufzeichnen, skizzieren, zu Papier bringen.

4. Bild: Die Partitur

Das Wort Partitur kommt aus dem italienischen „partitura"; Einteilung. Es ist eine Art Zusammenstellung der Einzelstimmen einer Komposition; eines Arrangements. In der Schriftlichkeit liegt die Magie. Nur die wenigsten, die allerwenigsten Menschen verstehen, dass in der niedergeschriebenen Idee der Gedanke gerinnt. Als sichtbares Wort fassbar wird. Als Zeichen. Als „Sign". Wie Tusche auf weißem Papier.
Die Wichtigkeit und Bedeutung dieses Vorgangs kann gar nicht genug betont werden. Denn wir haben damit für alle Zeiten die Ursprungsidee nachlesbar.

Und wir können nun an dieser Idee feilen, sie durchkneten, verbessern, verändern; sie tiefer durchdringen.
Unser Ideenkind bekommt einen Namen, Wörter, eine erste Form. Die Dinge zu benennen ist die angewandte Kunst der Manifestation. Schreiben Sie den Firmen- oder Projektnahmen oder den Buchtitel oder was auch immer auf. Geben Sie Ihrem Gedankenkind einen Namen und verdichten Sie es in Richtung Form. Mit dem Schreiben der Partitur ist die Komposition beendet. Und der nächste wichtige Schritt beginnt. Wir könnten diesen Schritt „erden" nennen; **etwas auf den Boden bringen.**

5. Bild: Das Geheimnis

Das Geheimnis liegt darin, dass wir nun in diese von uns erschaffene und formulierte Idee hineingehen können – wie in einen Ideenraum – um unser unternehmerisches Leben aus dieser Idee heraus zu leben. Zu gestalten.
Wichtig: Dafür eine Struktur zu schaffen!
Der Unternehmer ist der Komponist seiner Unternehmens-Idee. Dies ist ein kreativer Akt. Ein Schöpfungsakt! Der nächste wichtige Schritt besteht darin, für die Aufführung zu sorgen.

In diesem Verständnis wird der Unternehmer zum Entrepreneur.
Zum kreativen Visionär. Zum Vordenker. Zum Prometheus. Um in unserem Bild zu bleiben: Zum Komponisten, der ein inneres Lied hört, der ein Brennen spürt und Lust hat, seine Musik mit anderen zu teilen.

Karl Hacker ist kein Komponist, der Musik schreibt, sondern ein Unternehmer mit Leib und Seele. Einer, der verstanden hat, dass er für seine unternehmerische Komposition ein „Orchester" braucht. Dirigenten, Musikinstrumente, Bühne; Bühnenbild, Arrangement und Zuschauer/Kunden, die bereit sind, für seine „Musik" auch etwas zu bezahlen, weil er Sinn und Nutzen bietet. Mit staatlichen Strukturen an der Seite, der es „Komponisten/Unternehmern" alles andere als leicht macht. Mit vielen Geboten und noch mehr Gesetzen und Regeln.

Es geht in einer Unternehmens-Komposition darum:

- Die unternehmerische Ideen-Komposition soll aufgeführt und gehört werden; das ist die klare Absicht.
- Was braucht es dazu?
- Wie kann die Komposition die Akzeptanz am Markt gewinnen?
- Wie kann die Komposition erweitert und erneuert werden, damit sie zeitgemäß bleibt?

Daher ist es für einen Unternehmer – für eine Unternehmerin – so wichtig, am Unternehmen zu arbeiten. An der Idee. An der Vision. An der Mission. An der Strategie. Es braucht einen Blick für Trends, für Tendenzen, für Zukunft. Wohin geht die Reise vieler meiner Zuhörer und wohin wollen wir? Wie verändern wir unser Arrangement – ohne uns zu verraten – doch um uns stetig weiter zu entwickeln. Um zu lernen.
Er muss sein Orchester so zusammenstellen – nach und nach – dass diese Anforderungen bedient werden. Daher ist es für ein wirklich erfolgreiches Unternehmen so wichtig, dass der Unternehmer Zeit hat, sich diesen Aufgaben zu widmen. Er muss **am** Unternehmen arbeiten – und darf sich nicht verzetteln **im** administrativen Tagesgeschehen.
Die Komposition ist somit der Fokus, der Gedanke und Gefühl, Wort und Tat in eine Richtung lenkt. Selbst wenn der Komponist dirigieren kann, so ist er sehr gut beraten, einen Dirigenten und alles andere zu engagieren, um seine Komposition aufzuführen.

Was fehlt nun in dieser Aufzählung?
Was ist bis jetzt mit keinem Wort erwähnt?

Was fehlt ist all das, was allgemein als **Business Administration** bekannt ist. Der Unternehmer als Komponist muss nicht wirklich etwas über all das wissen. Ihm muss nur klar sein: Business Administration braucht es. Und wird an allen einschlägigen Schulen, Gründerakademien, Universitäten, in Kursen und Seminaren vielfältigst gelehrt und angeboten. Was kaum erwähnt wird, ist die zentrale Bedeutung der Unternehmens-Idee und deren ständige Evolution. Wenn wir ein Unternehmen wie ein Orchester sehen und verstehen, dann wird sofort deutlich, wie wichtig buchstäblich jede noch so kleine Rolle ist.
Jeder Paukenschlag. Jeder pianissimo Ton.

Ein Orchester, das nur aus virtuosen Einzelspielern besteht, kann keinen gemeinsamen Klangraum füllen. Ein Orchester, dessen Instrumente nicht gepflegt werden, das nie probt, das immer nur von Aufführung zu Aufführung eilt, wird nach kurzer Zeit ausgebrannt sein. Müde. Gestresst. Und sein ursprünglich originelles Programm veraltet mit jedem Tag und jeder Stunde. Ein Orchester braucht Spielregeln und klar definierte Rollen. Es braucht Führungsbefugnisse ebenso wie die Kunst, zuzuhören und sich einzustimmen. Es braucht ein Programm und strebt nach Zielen. Und es muss die Kunst beherrschen, dem die volle Aufmerksamkeit zu geben, der in einem bestimmten Moment seinen Einsatz hat. Das kann die Gruppe der Streicher sein oder ein virtuoser Pianist.

Was wir auf jeden Fall von einem Orchester lernen können ist die Kultur eines **Wir-Gefühles**. Teamarbeit muss als Wechselspiel der Kräfte verstanden werden – sonst funktioniert es nicht. Ja, und für ein Orchester ist das Verständnis unabdingbar, dass nicht alle alles können müssen, doch jede und jeder seinen Part. Ein gutes Orchester ist daher eine paradoxe Bühne aus individueller Virtuosität und kollektivem Gemeinschaftssinn. Getragen von Innovation und Inspiration und ebenso von trainiertem und eingeübtem Können. Sowie von Erfahrung. Ein Orchester ist ein sichtbares Beispiel für gegenseitiges Fordern und Fördern. Es ist bei jeder Probe und bei jeder Aufführung klingendes, angewandtes Teamwork. Weil es ansonsten als Orchester unmöglich gut werden kann.

Karl Hacker ist Unternehmer und liebt es, Trompete zu spielen. Hier wiederum besonders Jazz. Er hat mir gezeigt und mich gelehrt, wie die drei Elemente des Jazz miteinander wirken: Melodie, Harmonie und Rhythmus. Und zwar am Beispiel des weltbekannten Songs: What a Wonderful World, unvergesslich interpretiert von Louis Armstrong. Klavier, Kontrabass und Schlagzeug bilden die Rhythmusgruppe. Die Thema-Melodie wird einmal durchgespielt. Doch dann verlässt der Solist – in unserem Falle die Trompete – die Thema-Melodie und improvisiert über den bestehenden Rhythmus und über die bestehende Harmonie. Wundervoll. Grandios. Der Teppich der Harmonie wird von den drei anderen Instrumenten gehalten. Ein Ohrenzauber.

Karl Hacker: „Unsere Zeit ist geprägt und gebeutelt von einem wirtschaftlichen Tsunami, dessen Auswirkungen jetzt, in der Mitte des Jahres 2009, in keinster Weise abzusehen sind. Nur eines ist klar:
Der Schaden ist gigantisch.
Die Veränderung irreversibel.

Wir brauchen neue unternehmerische Sinfonien am Markt, neue „Kompositionen", eine andere Fitness. Was wir mehr als alles andere brauchen sind Könner. Wissen mag eine Voraussetzung sein – doch zwischen Wissen und Können liegen meist Welten. Unsere Zeit ruft nach Könnern."
Wissen bleibt zu oft im Wissen hängen. Wissen zeigt sich nur in unseren Handlungen – nirgendwo sonst. Unsere Handlungen und unser Tun sind die sichtbaren Spuren unseres tatsächlichen Wissens!
Karl Hacker:" Es braucht dringend eine neue „Musik" am Markt. Mutige „Kompositionen". Befreite Kompositionen. Es braucht ein Unternehmertum gelebter Kreativität. Firmen als Orchester, die den Mut haben, miteinander – jede und jeder auf seinem Platz – das Beste, das Allerbeste zu geben. Die Voraussetzung dafür ist zu proben. Zu üben! Den Sprung zu riskieren, um vom Wissen zum Können zu kommen. Nur so entzünden wir das eigene Potential. Entdecken das Feuer, das im Konzert eines gemeinsamen WIR einen Rhythmus formt. Es muss nicht „Brazilian Music" sein – doch es muss begeistern."

Aus der Schule geplaudert:

Als dieses Buch unmittelbar vor der Druckfreigabe stand, rief mich am frühen Abend Karl am Handy an. Wir tauschten uns von Mann zu Mann aus und er sagte ganz zum Schluss: „Das wertvollste Konto eines gut gelebten Lebens ist das Erfahrungskonto."
Das stimmt so sehr und hat seine eigene Tiefe. Denn eine wunder-volle Form des Lebens ist, eine gute, eine sehr gute Erfahrung zu machen und im nachhinein zu verstehen, durch welchen Zustand wir diese Erfahrung geschenkt bekamen. Und dieser Zustand hat immer mit einer „kosmischen Liebe" zu tun. Denn das Leben meint es grundsätzlich gut mit uns.

[11] – Siehe das Buch: „Es ist alles gesagt. Jetzt braucht es Beispiele." ...

hacker feinmechanik gmbh
im polder 2 / neuhausen
94560 offenberg
deutschland

fon +49 991 99800 - 0
fax +49 991 91564

contact@hacker-feinmechanik.de
www.hacker-feinmechanik.de

id' institute
key ideas for key humans
yvonne van dyck

Es gibt Sternstunden. Jede Frau und jeder Mann kennt diese. Es sind diese unspektakulären Zeitstreifen der Ewigkeit, die unser Herz nähren und in denen wir die Einheit allen Seins erfassen. In diesen wundersamen Momenten ist alles vollkommen. So, wie es ist!

So wie es ist – ist es gut.

Diese goldenen Momente müssen nicht gedankenleer sein. Im Gegenteil. Meist fallen uns Gedanken zu. Ideen. „id'"... sagt Yvonne und schenkt uns ihr Lächeln. Bernhard sitzt neben ihr und Jwala und ich den beiden gegenüber. Es ist einer dieser versunkenen Momente, wo wir in die Zeit schauen und sehen. Und uns austauschen über diese Sicht.
Yvonne van Dyck, Bernhard Leitgeb und wir.

Eine Sicht auf Zeit

In den vergangenen 10 Jahren sind mehr Veränderungen geschehen als in den 1.000 Jahren davor. Was passiert mit uns? Mit uns Menschen. Wohin rasen wir? Und warum so schnell? Wie kommt es, dass wir mit Yvonne seit 8 Jahren in Emailkontakt sind – einem Kontakt, der immer bestehen blieb – und wir uns genau jetzt zum ersten Mal persönlich sehen? Möglicherweise verändern sich die Parameter unseres Bewusstseins und der Panzer eines mechanisch-linearen Zeitverständnisses bricht. Könnte das sein? Wir wissen es nicht. Doch die Alten sagen es seit Jahrtausenden. Universitäten bestätigen es. Auch die NASA. Auch die Max-Planck-Institute. Und eine Heerschar von Menschen – all over the world. Es gibt eine verblüffende Einigkeit darüber: Wir leben in einer Zeitenwende! Wir sind Zeugen erstaunlicher Veränderungen. Wir alle.

Wie gesagt: **Möglicherweise verändert sich vor allem unser Zeitverständnis.** Synchronizitäten – also Gleichzeitigkeiten – werden unser höchstes Glück. Es fällt uns das zu, was wir aussenden. Weil wir in Resonanz sind mit dem – was uns nährt. So ein Zufall! Und in diesen offenen Raum fallen Ideen ein – id'. Eingebung wäre demnach unser sechster Sinn. Und da Probleme – wie Einstein klarsichtig erkannte – nie auf der Ebene gelöst werden, wo sie ihre Wurzeln haben, kommen solche neuen, kreativen, starken, aufregend innovativen id' eben aus der vierten Dimension, die Einstein „Zeit" nannte.

Zeit krümmt sich in diesem Verständnis in unseren dreidimensionalen Raum und: Etwas Neues geschieht in unserem Leben – und damit in unserem LebensRaum.
Aus unserer Sicht ist es weniger wichtig, ob dies nun genau so ist oder nicht. Viel wichtiger ist, dass sich unser Bewusstsein weitet und damit Platz entsteht für – Sie wissen es bereits – für id'.

Zwei Leben mäandern aufeinander zu

Es hat immer seine ganz eigene Magie, wenn wir aus der Sicht der Gegenwart die Wege betrachten, die zwei Menschen zueinander führten.
Yvonne van Dyck. Die Familie kommt ursprünglich aus Belgien; lebt jedoch schon lange in Österreich. Nach dem Lauf durch diverse Schulen, den wir ja alle machen, erfüllte sich Yvonne schon mit 21 ihren Traum. Selbstständig als Designerin. Sie wollte noch eine Ausbildung machen und sah – in einem total überfüllten Raum – einen Mann. Und? Und dieser sah sie auch!
Bernhard Leitgeb. Sohn einer Unternehmerfamilie, Matura, danach Berufsschullehrer. Und sehr jung: Direktor. Mein Herz lacht und ich könnte ihm stundenlang zuhören, wenn er über sein Verständnis zur Schule spricht. Hören Sie selbst: „Ich sehe die Schüler als Kunden. Ich will Ermöglicher sein und kein Verhinderer. Lehrer sind für mich Kundenbetreuer und Verkäufer des Lehrstoffs.“ Die beiden trafen einander in den frühen 1990er Jahren, heirateten später und haben einen wunderbaren Sohn. Tim.
Yvonne gründete 1999 die id'institute consulting gmbh.
Bernhard ließ sich 2006 vom Schuldienst karrenzieren um mit Yvonne die **„Cmore Consulting Group“** aufzubauen.

Die Cmore Group ist ein Netzwerk aus von Yvonne ausgebildeten Trainern, Coaches und Consultern, die Unternehmen dabei begleiten ihre Ideen erfolgreich und erfüllt umzusetzen. Die beiden machten einen Salto vorwärts.

Einen Loop. Bernhard gestaltete im Hintergrund eine tragfähige Organisation für ein beachtliches Netzwerk. Yvonne setzte und setzt Zeichen im Bereich der dynamischen Entwicklung von id'n.

„Unsere id'n bestimmen unsere Begegnungen" YvD

Ich möchte hier den Pfad der Begegnungen skizzieren, die beide letztlich zu dem machten, was sie sind. Nämlich wache, profund ausgebildete Menschen mit offenen Herzen. Stets bereit, von den Besten der Besten zu lernen. Was nie einfach ist und immer mit hohem Engagement verbunden. Lassen Sie mich stellvertretend drei Namen nennen, damit eine id'-Spur deutlich wird... Yvonne sagt: id'n bestimmen unsere Begegnungen und zwar mag|net|sch.
So begegnete sie:
Richard Bandler. Mathematiker. Schon heute legendärer Mit-Begründer des NLP; Neurolinguistisches Programmieren. Die Hohe Schule der Metakommunikation und der Struktur der Wahrnehmung. Yvonne begegnete ihm und wurde eingeladen, bei seinen Seminaren in Florida, in Edinburgh und in der Schweiz zu assistieren. Und sie schrieb für Richard Bandlers Buch „Freedom is Everything and Love is all the Rest" das Vorwort.
Felicitas Goodman. Felicitas Goodman ist die große Dame der Trance-Forschung. Ungarin. Lehrte an der Denison University, Ohio. Ihre Arbeiten sind bahnbrechend für das Verständnis veränderter Bewusstseinszustände. Yvonne begegnete ihr als sie 21 war und war von da an fasziniert von EEGs.
Jiddu Krishnamurti. Weltlehrer zur Erlangung geistiger Freiheit inspirierte sie nachhaltig. Neben vielem anderen wurde das Verständnis für ein holografisches Universum, wie es heute unsere Spitzenwissenschaftler lehren, von ihm wesentlich inspiriert.
Aus diesen und vielen anderen Begegnungen, z.B. mit Frank Farrelly, dem Begründer der provokativen Therapie oder Emil Coué – der die Kraft der Autosuggestion erforschte... entstand die Faszination und Kraft ihrer bahnbrechenden Arbiet.

id' LOOP® die horizontale Dynamik von Ideen – das Transportmittel für Ideen.

Alles hat einen Kreislauf: Die Planeten, Pflanzen, Wasser, Menschen... Unsere Wissenschaft anerkennt zunehmend den spiralförmigen Charakter der Zeit. Wir bewegen uns in Wellen, in Kreisen, in Zyklen. Yvonne van Dyck hat aus diesem Verständnis, gestützt durch ihre analytischen NLP Kenntnisse und der Faszination am Paradoxen, den dynamischen Kreislauf für die Entwicklung von Ideen – den id'-LOOP® – auf den Boden gebracht. Eine einzigartige Unterstützung für Einzelne; für Teams und für Organisationen.

Der id' LOOP® ist enorm wirkungsvoll. Ein Meisterwerkzeug, das den optimalen Kreislauf von Ideen nicht nur analytisch darstellt, sondern gezielte Maßnahmen anregt, um den Kreislauf von Ideen in Schwung zu bringen. Wir alle haben Ideen. Und wir alle wissen, wie schwierig es manchmal ist, diese in die Tat umzusetzen. Mit dem id' LOOP haben Sie ein elegantes Transportmittel für die erfolgreiche und erfüllte Umsetzung von Ideen.

LOOP your id'. Damit Sie einen Geschmack bekommen.

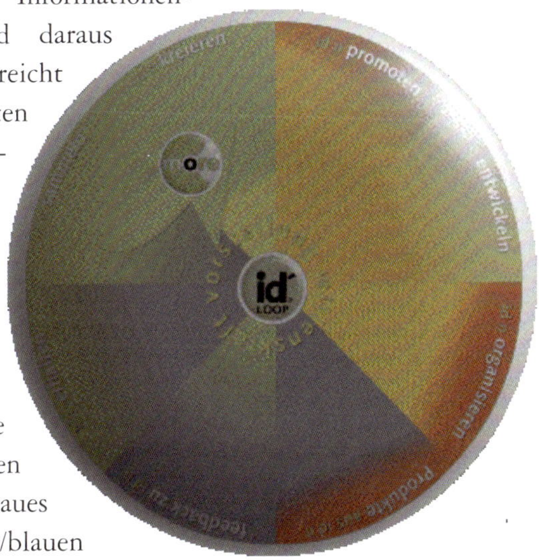

Jede Idee beginnt mit dem grünen Informationen-SAMMLER. Vom CREATOR wird daraus eine BUNTE id' kreiert und weitergereicht zum PROMOTER, der die id' im ersten LOOP auf orange Vermarktbarkeit überprüft und sie dann zum orange/gelben ENTWICKLER weiterreicht – der die großen Schritte plant und auf Zusammenhänge überprüft – um dann vom rot/orangen ORGANISATOR durchorganisiert zu werden, damit auch konkrete ROT/BLAUE Produkte vom PRODUZENTEN erstellt werden können. Das Produkt braucht blaues FEEDBACK, um mit dem grün/blauen ERHALTER – der das Feedback nutzt und umsetzt – in der Spirale eine Oktave höher zu LOOPen.

Ich bin begeistert vom id' LOOP®.

Yvonne ist es vorbildlich gelungen, komplexe Zusammenhänge einerseits zu trennen, damit wir sie betrachten und mit Lösungen füllen können – um sie in der Folge so sinnhaft zu verbinden, damit Komplexes rund und damit anwendbar wird. Manche Unternehmen arbeiten seit Jahren mit dem id' LOOP im Bereich Recruiting, Marketing, Organisations-, Personal-, Führungskräfte-, Team-, Verkaufs- und Ideenentwicklung …
Die Erfolge sprechen für sich. Auch die Erfolge Einzelner.

mag|net|ic colours® – die vertikale Dynamik von Ideen.

Ideen kommen ja immer aus einer bestimmten Wahrnehmungsebene, die eng mit unseren Überzeugungen zusammenhängt. Jemand, der zutiefst davon überzeugt ist, das Leben sei „Kampf“ wird seinen Alltag anders erfahren als jemand, der unsere menschliche Erfahrung als Ausdruck reiner Liebe begreift. Durch mag|net|ic colours® werden die Ebenen – Level – sichtbar, aus denen unsere Ideen kommen. Diese senkrechten Ebenen hat Yvonne van Dyck durch Farbschichten plastisch gemacht. Dadurch ist ein äußerst wirkungsvolles Medium zur Selbstrefelxion entstanden. Denn wir können sehen, aus welcher Ebene unsere Ideen kommen! Damit können wir die Ebene – den Level – selbstverständlich auch leichter verändern.
Oder aber, uns im Team gemeinsam auf einen Level einigen.

mag|net|ic feelings® – der Treibstoff und Navigator für Ideen

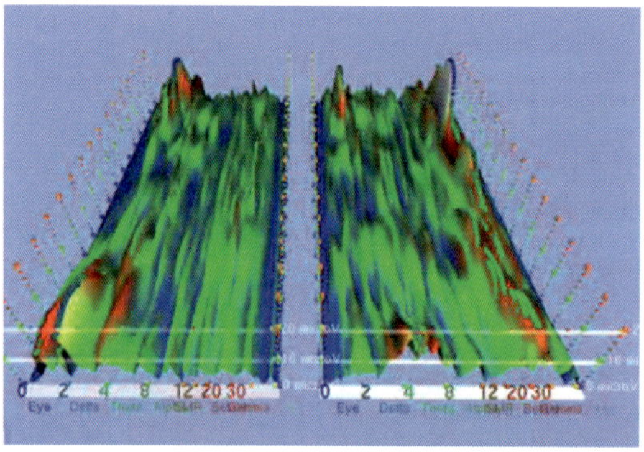

Die Kraft von Gefühlen zu kennen bedeutet, um den Treibstoff zu wissen, der Ideen nachhaltig, erfolgreich und erfüllt umsetzt in Resultate. Die Geschichte dazu: 2004 assistierte Yvonne bei Richard Bandler in Edinburgh und nutzte die Chance, sich selbst mittels eines EEGs beim Denken zuzusehen. Genauer gesagt: Beim Fühlen. Denn Denken wird immer durch Gefühle bewertet! So sortieren wir unsere Gedanken nach Wichtigkeit – was die Gehirnforschung eindeutig beweist. Die Qualität der inneren Bilder, die Wahrnehmung und Richtung der Gefühle, die innere Stimme dazu – all das auf der Basis moderner Gehirnforschung – verband Yvonne zu jenem Treibstoff, der id'n die Schubkraft von mag|net|ic feelings® verleiht.

Stellen Sie sich bitte diesen Kreislauf vor:
Sie denken bewusst in eine Richtung, die Freude in Ihnen auslöst. Sie handeln in diese Richtung und erzielen somit Resultate, die diese Freude verstärken. Das wiederum führt zu „Dankbarkeit, dem einzigen Gebet“, wie Jwala Gamper sagt, „das immer erhört wird“. Mag|net|ic feelings® sind der Turbo einer inneren Alchimie. Wer das einmal durchschaut hat, wird und kann nicht mehr anders leben. Tatsächlich lasen Sie eben die Landkarte für ein gut gelebtes Leben. Sie brauchen das nur noch anzuwenden. Ganz einfach – oder?

6 Fragen – als Test zwischendurch

Yvonne van Dyck hat sechs Fragen für Sie als Unternehmer/Führungskraft vorbereitet, um ihren Treibstoff und Navigator für Ideen zu finden. Schreiben Sie ihre Antworten auf. Notieren Sie auch Begriffe, die mehrfach vorkommen.

Los geht's:

- Steigen Sie ein in eine Situation als Unternehmer/Führungsraft, die nicht so war, wie Sie es sich vorgestellt haben – was hat gefehlt?
- Steigen Sie ein in eine Situation als Mitarbeiter/Angestellter, in der nicht alles so war, wie Sie es sich erträumt haben – was hat gefehlt?
- Steigen Sie ein in eine Situation mit einem Kunden/Kooperationspartner, bei der nicht alles so war, wie Sie es sich wünschen – was hat gefehlt?
- Steigen Sie ein in eine Situation als Unternehmer/Führungsraft in der alles so war, wie Sie es sich erträumt haben – was ist das Schöne daran?
- Steigen Sie ein in eine Zeit als Mitarbeiter/Angestellter, in der alles so war, wie Sie es sich gewünscht haben – was ist das Schöne daran?
- Steigen Sie ein in eine Zeit mit einem Kunden/Kooperationspartner, in der Sie absolut erfüllt waren – was ist das Schöne daran?

Bleiben Sie dran. Folgen wir dieser Energiespur weiter:
Untersuchen Sie nun ihre Notizen auf Gleichheiten.
Überprüfen Sie, ob Sie Begriffe zusammenfassen können.
Dann schreiben Sie jeden Begriff einzeln auf ein „Post It" und reihen Sie mit der Frage:
Was ist mir wichtiger – x oder y?
Wenn sie das nicht entscheiden können, fragen Sie sich: Gibt es x ohne y?
Bei Nein dann weiterfragen: Gibt es y ohne x?
Bei Nein ... Platzieren Sie diese 2 Begriffe auf einer Ebene!

Es geht noch kurz weiter:
Überprüfen Sie jeden einzelnen Begriff auf folgende Merkmale:

- Steigen Sie ein in dieses Gefühl: z.B. Freude
- Wie ist die Qualität ihrer inneren Bilder? |positiv oder negativ?|
- Wie ist die Qualität ihrer inneren Gefühle? |positiv oder negativ?|
- Was sagen sie dabei?
  Ja zu mir – Ja zu anderen?
  Oder Ja zu mir – Nein zu anderen?
  Oder Nein zu mir – Ja zu anderen?
  Oder Nein zu mir – nein zu anderen?

Fazit:

Nur Gefühle, die wir im Sinne: POSITIVE BILDER – POSITIVE GEFÜHLE UND JA ZU MIR – JA ZU ANDEREN prozessieren, sind WERTE!
Yvonne untermauert ihre Ergebnisse mit Einsichten aus der Gehirnforschung – was allerdings den Rahmen dieses Beitrags sprengt.
„Erfüllte Menschen sind immer erfolgreich –
Erfolgreiche nicht immer erfüllt!“ sagt sie.
Yvonne van Dyck und Bernhard Leitgeb sind erfüllt, erfolgreich und dankbar. Yvonne hat dieser Dankbarkeit in Form einer weiteren id' Ausdruck verliehen. Yvonne nennt ihre id'n KIDs und sich selbst eine Key Idea Developerin und Designerin.
Die beiden sind schöpferisch und haben die Kraft, magnetic feelings® weltweit zu verbreiten. Freude.

Freude haben und Freude geben

Ein Kleinod – Juwelen dazu – ist ihre Website THANKYOO.com. Es lohnt sich. Klicken Sie das an. Lassen Sie sich berühren und inspirieren von Vidyoos und TRainyoos für ein erfolgreiches und erfülltes Leben in Dankbarkeit.
Mag|net|ic feelings® erweitern in der Dynamik der Entwicklung unseren Horizont und verändern die Farben unseres Lebens. Wir tragen das Potential zu allen Farben in uns – so wie eine id' schon alles in sich trägt. In jedem Gedanken ist die Substanz des Gedankens enthalten; sub-stanzia – darin enthalten sein.
Welche Chance und welcher Segen, Ihre goldenen ID' ins Leben zu rufen.
Key Ideas for Key Humans.
id'.

id' institute
Yvonne van Dyck & Bernhard Leitgeb
Furth 60
5231 Schalchen
Austria
fon +43 7742 61116
fax +43 7742 61116 11

office@id.co.at
www.id.co.at
www.cmoregroup.cc
www.c-more.cc
www.thankyoo.com

Adler-Signs

Die Sonne ruft -
ich kann nicht anders -
wag mich hinauf ins Leben.
Lass alle Sorgen -
mein Herz klopft laut -
im tiefen Tal zurück.

Von solchen Tagen
hat meine Seele oft geträumt.
Dass sie -
den engen Grenzen trotzend -
sich endlich ganz entfalten kann.

Dass ich mit Himmel,
Schnee und Bergen
eins bin.
Ich will,
dass all dies jetzt geschieht.
Ich will -
ganz fest am Boden stehend -
frei durch die Lüfte schweben.

Dass dieser schöne Zauber
mein Leben mitbestimmt.
Ich bin SO frei,
die Welt liegt mir zu Füßen.
Steig aus, um neugeboren einzusteigen -
und find mich wieder
in meiner
eig'nen
Spur.

Signs®
Sign by **Jwala**

myCocoon träumenWIRgemeinsam.

Wie beiläufig liegt es da.

Auf einem Tisch in einem magischen Raum. Das Bild. Von Anne Hild. Möglicherweise hat es Bernhard hingelegt oder auch nicht. Wie in einem Garten aus Licht bewegen sich zwei Tuaregs durch die Wälder des Sands. Dieses fremde Bild erhöht die Klarheit. Denn Logik verglüht, wenn eine tiefere Weisheit zu sprechen beginnt mit der Stimme der Stille.

Magie ist Leidenschaft. Wir sitzen auf einer Bank aus uraltem Holz. Weiß – lichthell – so erscheint es mir. Die Reiter von Anne Hild machen den Nomaden in uns wach. Wortlos gleiten wir beide zu Boden.
Bernhard Ujcic und ich. Sitzen auf einem Fußboden aus Holz, der nicht eben ist – sondern gewellt. Jedes Brett ist leicht ausgehöhlt. So überziehen Wellen um Wellen den Boden aus Holz.

Wie könnte ich Ihnen Bernhard vorstellen?
Bernhard Ujcic ist was er ist und das ist alles, was er ist. Ich möchte ihn nicht mit mentalen Beschreibungen umkreisen. Diese gehen bei ihm ohnehin fehl. Doch da uns Konstruktionen immer das Gefühl geben zu wissen, sei gesagt: Bernhard ist Unternehmer. Doch er lebt und belebt diesen Beruf aus einer Meta-Position.
Es ist einfach eine andere Ebene. Was soll ich mehr dazu sagen?
Sein Freund und Partner ist **Sigmund Schuster.**
Dieser ist möglicherweise auch Unternehmer. Jedenfalls hat er mehrere Firmen. Doch vielleicht ist Sigmund ein Schamane? Bei diesem Gespräch ist er nicht physisch anwesend, was auch nicht alles sagt.

Sigmund ist einer, der mit den Bäumen spricht.

Wir nennen das heute die zweite Aufmerksamkeit oder die Wahrnehmung des Unsichtbaren. Unlängst ging Sigmund durch eine Halle mit Holz. Plötzlich blieb er stehen, drehte sich um und ging zwei/drei Schritte zurück. Er wandte sich nach rechts und drehte einen Holzbalken um.
„Dieser hat mich gerufen. Er wollte bewegt werden.“
Vielleicht sollte ich Ihnen sagen, dass ich in einem Ort namens Berg bin. Am Starnberger See. In Bayern. Bei München. Dort entstand der erste TraumRaum für myCocoon. Ich komme gleich darauf zurück. Gleich.

Denn ich muss Ihnen unbedingt ein Gefühl für Sigmund geben. Das drängt mich im Moment so, dass alles andere nachrangig wird. Sigmund war als Kind, vor über 50 Jahren, fast blind. Er lebte in gewissem Sinn in Dunkelheit. Acht Jahre lang. Die ersten acht Jahre. Das Seltsame ist – das ist keinem aufgefallen! Ich weiß, das klingt irgendwie unglaublich und trotzdem ist es glaublich. Denn so war es.
Und zeitgleich, während ich das erfahre, höre ich erstmals in meinem Leben von den Kogis, einem Stamm in den Bergen der Sierra Nevada in den Weiten Kolumbiens. Südamerika. Die Kogis leben und pflegen ihre Bräuche. Einer davon ist, sie erkennen ihre Führer – ihre Führerinnen – sofort nach deren Geburt und halten diese die ersten acht Jahre in fast vollkommener Dunkelheit. Dadurch bleibt – unterstützt von einer wissenden Umwelt – der Sinn für die zweite Aufmerksamkeit offen, das Gewahrsein für die **Wahrnehmung des Unsichtbaren.**

Bernhard ist ein Mann des 3. Jahrtausends.

Aus meiner Sicht lebt er aus der Zukunft zurück in die Gegenwart. Er geht rückwärts in der Zeit. myCocoon hier in Berg sagt viel und zeigt alles. Das Offensichtliche und das Verborgene…
Wenige Designer-Möbel entlang einer Glasfront mit heimischen Pflanzen und japanischen Rollos. Der Raum selbst ein langgezogenes Rechteck. Puristisch. An einer Seite drei/vier Betten. In der Mitte unser wellender Holzboden, dahinter eine weite, langgezogene Sitzbank aus altem Holz. Der Tisch davor ist niedrig und dienstbar. Ich weiß, er leuchtet. Ich weiß es, weil ich es spüre. Bernhard auch.
Aus einer high-tech-Anlage, die irgendwo steht, besucht uns Tina Turner mit „beyond"; buddhist and christian prayers. Diese Musik macht sprachlos. Wie alles andere hier.

myCocoon ist ein vorwärts zur natur. es hat sich dem sigmund schuster gezeigt. dieser hat 40 tage gefastet. im wald. da hat er es gespürt, das leuchten der bäume. und er wusste: das unbekannte ist mein verbündeter.

myCocoon die zeit ist jetzt, um die bäume zu verstehen. deren freundschaft, deren liebe, deren hingabe an uns menschen. bäume sind unsere brüder. einer unserer größten maler, Vincent van Gogh, hat bäume und sterne für immer verbunden. jeder stern in bewegung. wie ein kreisendes rad. wer hat je solche sterne gesehen? und die bäume! sie ragen über die sterne hinaus. bäume und sterne, wie kreisende derwische. und als man van Gogh fragte: „wo hast du solche bäume gefunden, die die sterne überragen?" – da sagte er: „solche bäume fand ich, als ich neben ihnen saß und ihren gedanken lauschte. ich habe die bäume sagen hören:
WIR SIND DIE SEHNSUCHT DER ERDE,
DIE STERNE ZU ERREICHEN.

myCocoon ist aus altem holz. aus heimischem holz. aus unseren wäldern. tanne und fichte. „wir fragen die bäume, ob es zeit für sie ist. und wenn ja, lassen wir das geschnittene holz auf natürliche weise zwei jahre in der luft trocknen. alles licht, das sich über lange jahrzehnte in unseren brüdern sammelte, bleibt so erhalten. wir machen daraus kraftplätze für menschen. damit das licht der bäume sich mit dem licht der menschen vermählt. ja, das machen wir." das ist
myCocoon

Die Bäume verbinden Mutter Erde mit Vater Himmel. Die Bäume sind unsere Brüder aus dem Reich der Pflanzen. Immer schon. Für immer.

Die Bäume wandern durch die Zeit. Über lange Jahrzehnte. Die Bäume von myCocoon sind 80 bis 130 Jahre alt. Das ist kein Zufall. Oder doch?
Ein Menschen_Baum_Leben lang sammelt sich das Licht der Sonne Milliarden- und Abermilliardenfach im Inneren der Bäume. Wohnt dort. Wartet. Um sich uns zu schenken. Uns Menschen. Ihnen. Dir.

Wir können die leuchtende Verbindung zu den Bäumen spüren. Wie Fäden. So real, als würden wir einander berühren. Was wir ja auch tun. Wir können den Baum loslassen und uns mit unserer frühesten Erinnerung verbinden. Es kann eine Erinnerung sein an das Werden. Es kann der Call der Zukunft sein im Jetzt. Wir können den leuchtenden Fäden folgen und Bilder und Gefühle aufnehmen. Wir können in das Herz fallen und unsere Träume leben. Denn Erwachen bedeutet, den Traum zu erkennen um ihn zu gestalten. myCocoon.

myCocoon ist ein Gespinst aus Licht.

Wie sehr uns das Holz mit der Erde verwurzelt und gleichzeitig zu den Sternen zeigt.

Teil II Galerie des Staunens

Bernhard hat eine Art, den Kopf zu schütteln, die mich stets irgendwie aus der Fassung bringt. Als er mir diese Fotos zum ersten Mal zeigte, hat er so seinen Kopf geschüttelt. Das lässt sich wirklich schwer beschreiben, weil es so unnachahmlich ist.
Jedenfalls hat er kopfschüttelnd etwas in diese Richtung gesagt: „Weißt du, irgendwie sind diese Fotos eine Offenbarung. Eine Sensation. Anderseits auch wieder nicht. Wir tun immer so, als wären wir vollkommen eingesperrt in der Materie. Doch wir schauen seit Tausenden von Jahren darüber hinaus.
Und seit 100 Jahren auch mit den Augen der Wissenschaft. Wir können Photonen fotografieren und so beweisen, wie myCocoon auf Menschen wirkt. Die Ergebnisse sagen alles. Einfach alles.“

Wichtig ist:
Photonen und Photonenströme lassen sich fotografieren und wissenschaftlich beweisen.
Wir zeigen Ihnen hier Aufnahmen vom ISR. Institut für wissenschaftliche Forschung und Diagnostik mit Magnetfeldresonanzen und Photonenenergie.

Es sind Forschungsergebnisse zur Studie „myCocoon.“
Das Foto links zeigt den Kraftplatz mit welligem Holzboden, beide aus Licht-Holz, und Betonpfeilern im Studio in Berg am Starnberger See.

Alle folgenden Bildunterschriften stammen von der Institutsleitung von ISR.

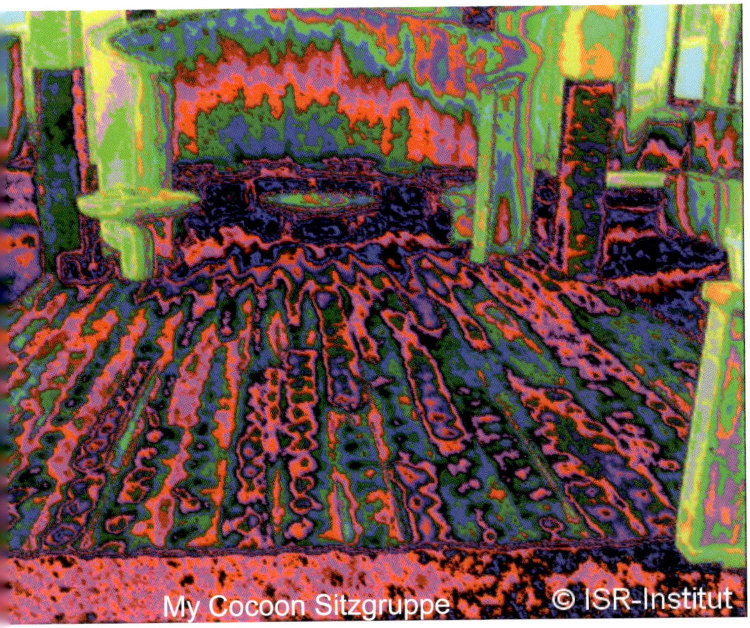

Bild 2: my-cocoon.eu

„Auf Bild 2 sehen Sie die Photonenaufnahme im Vergleich zu den Normalaufnahmen. Hier können Sie deutlich sehen, dass Photonenfrequenzen über den Fußboden und auch im Innenraum des muschelförmigen Kraftplatzes in besonderer Weise fließen. Der gesamte Raum wird mit Photonenfrequenzen durchflossen, aber insbesondere innerhalb der halbrunden muschelförmigen Sitzgruppe erstrahlt ein pulsierendes elektromagnetisches Feld, in dem die Photonenaktivität sehr intensiv wirkt.“ |Text: ISR|

„Auf diesem Bild sehen Sie eine Probandin im Innenraum des Kraftplatzes. Deutlich kann man erkennen, dass sofort ihr Energiefeld mit positiver harmonisierender Photonenfrequenzkraft durchflossen ist. Die Frequenzen der kreisförmigen Abstrahlungen im Hintergrund werden intensiver. Diese Intervallaufnahmen, die wir innerhalb von 3 Sekunden aufgenommen haben, beweisen, dass die wellenförmigen Abstrahlungen innerhalb des myCocoon naturKraftplatzes sich in sehr hoher Geschwindigkeit vermehren.“ |Text: ISR|

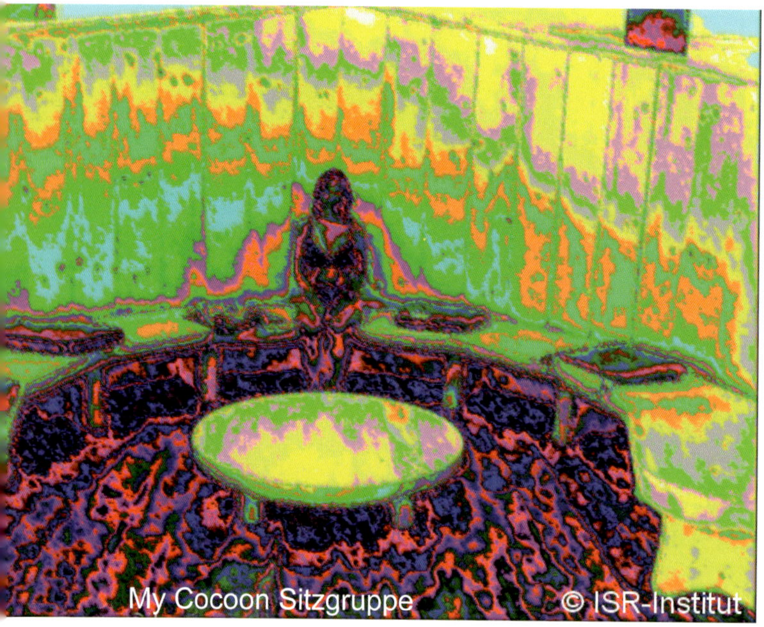

„Auf diesem Bild sehen Sie, dass sich die Photonenaktivitäten noch weiter verstärken. Ganz starke helle Lichtimpulse, die aufsteigend nach der roten Farbe folgen, intensivieren sich immer mehr und ein heller Lichtkegel erscheint innerhalb dieses Kraftplatzes. Die gelben, rosa-orangefarbenen, grünen Streifen werden intensiver und leuchtender als aufsteigende Form des roten Pulsfeldes der Photonenflussaktivität.“ |Text: ISR|

„Auf dieser Aufnahme, ungefähr **2 Minuten später,** beginnt der gesamte Fußboden sowie die gesamte Sitzgruppe in kreisrunden lichtpulsförmigen Abstrahlungsintervallen zu pulsieren.“ |Text: ISR|

„Auf diesem Bild entsteht ein überaus beeindruckendes Bild eines Lichtimpulses sehr starker Photonenaktivität, welches von starken erdmagnetfeldähnlichen Energien spricht. Die pulsenden Kräfte fließen kreisförmig innerhalb von Sekundenintervallen um die Probandin herum und scheinen förmlich nach außen zu explodieren.“ |Text: ISR|

„Dies ist ein sehr beeindruckendes Ergebnis und wir können hiermit bestätigen, dass der Aufenthalt in dem myCocoon naturKraftplatz inklusive myCocoon Holzfußboden ein besonders starkes Kraftfeld erzeugt, das einem Kraftplatz eines Steinkreises wie Stonehenge entspricht.

Das bedeutet, der Aufenthalt in diesem **myCocoon naturKraftplatz** hat eine überaus positive harmonisierende Lichtwirkung auf das Energiefeld des Platzes und das Photonenenergiefeld der Probandin.
Dies ist eine solch beeindruckende Aufnahme, wie wir sie in unserer Forschungszeit bisher noch nicht dokumentieren konnten.“ Text: ISR.

Das Bild ist nicht das Ding.

myCocoon... ist mehr als diese Fotos. Unser Verstand sammelt Worte und Bilder und irgendwann wird all dies zum Hindernis. Sie berauben uns der Ehrfurcht des unmittelbaren Erlebens. Aus uns heraus.
Vielleicht schüttelt Bernhard Ujcic deshalb manchmal so den Kopf und fragt: „Können Menschen auch ohne Worte fühlen – ohne Bilder staunen?“
Die Natur ist erfüllt von tiefer Weisheit. Wir dürfen diese zulassen. Im Inneren des Baumes ist ein Meer aus Licht. Wie erhaben, darin zu schlafen – um träumend zu erwachen.

Lebendiges Holz. Licht-Holz. myCocoon.
Darin zu schlafen bedeutet,
gelassen mit der Unendlichkeit zu reisen.

myCocoon
träumenWIRgemeinsam
Kreuzanger 3-5
82335 Berg am Starnberger See
Deutschland

fon +49 8151 7467311

komm@my-cocoon.eu
www.my-cocoon.eu

SchwingungsWein. tauss. muster. werlitsch. weine einer neuen zeit

Der Sternenhimmel berührte die nachtgrünen Hänge der Südsteiermark. Wir waren trunken vor Schönheit. Am Horizont verschmolzen die endlosen Wellen der Weinberge mit dem Schimmer des Abends. Eingetaucht in die Unendlichkeit der Sommernacht: vier Paare.

Drei Winzer und ihre Frauen. Hüter des Weines in seiner kostbaren Form. Wir tranken SchwingungsWein. Ein Erlebnis, das sich nicht nur über den Gaumen, sondern über alle Zellen des Körpers erschließt. Sinnlich. Beschwingt in des Wortes rhythmischen Klang. Denn der Körper in seiner Gesamtheit nimmt die Vibration dieses Weines auf. Eine Verbindung entsteht – so neu und ungewohnt! Jwala und ich hatten das Gefühl, Sonne und Erde und Reben zu trinken. Und wir erlebten, dass Wein klarer machen kann. Die Sinne schärfen sich und öffnen sich für das, was wir Eingebung nennen. Wir ahnten, weshalb Jesus oft vom Weinstock und den Reben sprach; weshalb die Griechen mit Dionysos und die Römer mit Bacchus die Götter des Weines ehrten… Wir erlebten: Weine einer neuen Zeit.

Jwala und mir begegnete eine andere Dimension von Wein. Gleichzeitig verstanden wir, dass es für diese Form der Weinwerdung eine Hinführung braucht. Wir tauschten uns intensiv aus, besuchten alle drei Weingärten und ich versprach, mein Bestes zu geben, um den Geist dieses Weines in Sprache zu tauchen.

Der Unterschied

Als erstes wurde mir der Unterschied zu herkömmlichen Weinen deutlich. Wenn ich „herkömmlich" sage, so liegt darin keine Wertung im Sinne von besser oder schlechter. Es gibt grandiose Weine am Markt, deren Schönheit exquisit ist. Keine Frage. Der Unterschied liegt in der Haltung. In der Herangehensweise.

Herkömmliche Weine werden auf einen Geschmack hingetrimmt. Das heißt: Zu Beginn steht ein mentales Bild, wie der Wein letztlich schmecken soll. Der Wein wird dann so aufbereitet, dass er diesem Geschmacksbild entspricht. Das hat den Vorteil der großen Wiedererkennung. Die Geschmacksrichtung – besonders wenn sie sehr eigenwillig ist – wird zur Marke.

Beim SchwingungsWein zeigt sich uns ein anderes Bild.

Die Winzer verstehen sich als Diener des Bodens, die das Werden des Weines begleiten. Dadurch bekommt jedes Fass, im Grunde sogar jede Flasche, ihre eigene Note. Denn dieser lebendige Wein entfaltet sich so, wie er in sich angelegt ist. Die Interventionen der Winzer sind sparsam. Wohl bedacht. Das bedeutet, der Wein ent-wickelt sich |schält sich sozusagen frei zu seinem eigenen inneren Kern| und verändert sich dabei; wie sich das Leben verändert. Gleichzeitig bleibt natürlich der Grundton erhalten.

Die vier Stufen

Roland Tauss, einer der drei Freunde, hat mir vier Stufen erklärt. „So“, sagte er „gehen wir vor: **An erster Stelle steht der Boden, an zweiter die Rebe, an dritter Stelle das Jahr, an vierter der Winzer.** Gleichzeitig achten wir auch auf das, was sich kaum sagen lässt: Auf das Energetische, auf das nur Fühlbare. Wir folgen unseren Impulsen und handeln nach unserer inneren Stimmigkeit; selbstverständlich auch getragen von den vielen Jahren der Erfahrung. Jeder arbeitet für sich. Gleichzeitig tauschen wir uns regelmäßig aus und unterstützen einander, wo wir können.“

Jeder der drei Winzer besitzt etwa 10 ha Weinberge. Das ist die maximale Größe, die ein Mensch noch bedienen kann. Die drei haben sich gefunden, weil in allen dreien fast zur gleichen Zeit der Wunsch wach wurde, Wein anders zu verstehen. Wein als Lebewesen zu begreifen, das in sich die Essenz aller vier Elemente vereint. Diese Essenz sammelt sich in der Rebe. Tatsächlich ist dies eine sehr spezielle Pflanze, die auf wundervolle Weise wie ein Gefäß wirkt. Hier sammelt sich die Kraft des Bodens mit dem Licht und dem Atem des Windes. **Im Wein zeigt sich das Feuer des Geistes.**

Demeter

Alle drei hegen ihre Böden mit größter Sorgfalt seit vielen Jahren und orientieren sich dabei – unter anderem – an Demeter. „Demeter“ ist die

dreifache Muttergöttin aus dem griechisch-kleinasiatischen Raum. Sie ist zuständig für die Fruchtbarkeit der Erde. Heute ist der Begriff Demeter hauptsächlich als Zusammenschluss der biologisch-dynamisch wirtschaftenden Bauernhöfe bekannt. Diese Form der Landwirtschaft ist inspiriert von Rudolf Steiner, dem Begründer der Anthroposophie.

Die Wahl

Alle drei haben sich – ursprünglich unabhängig voneinander – mit einer anderen Herangehensweise an Landwirtschaft im Allgemeinen und mit Weinbau im Besonderen auseinandergesetzt. Und alle drei trafen eine Wahl. Nämlich zusammen zu arbeiten – statt sich als Konkurrenten im gleichen Weinbaugebiet zu sehen. Doch diese Zusammenarbeit ist nicht nur vom Gedanken der Nützlichkeit getragen. Sie gründet in tiefen, gewachsenen, menschlichen Beziehungen. Das ist der Nährboden. Und aus dem heraus unterstützen sich die drei Familien einerseits darin, dass jede ihren eigenen Weg geht, um Individualität und Einzigartigkeit noch markanter spürbar zu machen – anderseits darin, möglichst intensiv von einander zu lernen und Synergien zu nützen.
Es ist die Beziehungsebene, die trägt und die sowohl Individualität als auch Gemeinschaftssinn fördert.

Alle drei haben über Jahre ihre Böden gestärkt. Dazu müssen wir wissen, dass Kunstdünger Reben durstiger macht. Daher ziehen diese mehr Wasser aus dem Boden. Dadurch werden natürlich die Pflanzen voller. In gewissem Sinne aufgedunsen. Nun gilt für Reben: Je karger und je steiler die Böden, desto besser letztlich der Wein. Die Böden dort im Süden der Steiermark sind karg

und steil einerseits und gleichzeitig berührend schön. Und noch etwas: **Die Böden unserer drei Winzer bekamen nie Kunstdünger.** Auch nicht von den Vätern.
Alle drei haben eine Art Liebesbeziehung zu ihrem Grund und Boden, kennen jeden Flecken, achten auf ihre Gedanken bei der Arbeit und versorgen ihre Böden mit Mikroorganismen.

Partimonium versus Dominium

Wollen wir gründlicher das Wesen des **SchwingungsWeines** als **Wein einer neuen Zeit** aufnehmen, so bedarf es einer Hinwendung zum Energetischen. Dieses ist unsichtbar und zeigt sich aus der Haltung, aus der inneren Einstellung, aus der Hinwendung – mit der dieser Wein entsteht.
In einer sehr aufrechten, bäuerlichen Art verstehen sich die drei Familien als **Diener des Bodens**. Das hat keinen Beigeschmack von subalterner, unterwürfiger Knechtschaft. Ganz im Gegenteil. Dieses Dienen erinnert an jene Form, die wir als Patrimonium aus den Geschichtsbüchern kennen.
Werfen wir einen kurzen Blick darauf:
Diese ursprüngliche Eigentumskonzeption – Patrimonium – gründet auf der Pflicht zur Pflege der Natur. Der Ausdruck kommt vom lateinischen „pater" – also Vater. Damit ist das Erbe der Väter gemeint, verbunden mit der Freude, der Chance und der Verpflichtung, dieses Erbe evolutionär weiter zu entwickeln. Uns ist diese Haltung weitgehend fremd geworden. Durch den „Code Napoleon" – Vorbild aller bürgerlichen Gesetzbücher der ganzen Welt – haben wir uns längst an den Begriff des Dominiums gewöhnt: „Das Eigentum ist das unbeschränkte Recht zur Nutzung und Verfügung über die Dinge." |Art. 544 Code Napoleon|

Es führt natürlich zu einem ganz anderen Ergebnis, ob ich mich als **Herr über den Boden** begreife oder ob ich mich als **Pfleger, als „Vater" des Bodens** sehe. Aus beiden Haltungen entwickeln sich entgegengesetzte Handlungsabfolgen mit unterschiedlichen Ergebnissen. Das ist klar. Doch das ist wichtig, um das Verständnis für den SchwingungsWein zu vertiefen. Denn ganz im Sinne einer Neuen Zeit wird Materie ja längst als verdichtete Energie verstanden, die sich in unserem Falle als Wein zeigt.

Erst durch diesen rigorosen Blick wird klar, weshalb die Winzer auf ihre Gedanken bei der Arbeit achten, einen gelassenen Gemütszustand pflegen und

verhindern, dass ihr Wein beispielsweise mit Stahl in Berührung kommt. Da alles Schwingung – alles Energie ist – wollen sie die Eigenschwingung ihres Weines so hoch und so rein wie irgend möglich halten.
Das führt zu einem facettenreichen Wein, der unterschiedliche Lagen in sich vereint. Dieser Geschmacksfächer trifft nicht den Mainstream der Weinindustrie.
Doch er schenkt uns ein Erlebnis von köstlicher Natur, wenn wir diesen Wein wie einen Ritualwein aufnehmen. Wenn wir diesen SchwingungsWein in Maßen genießen, um die Vielschichtigkeit unseres eigenen Wesens zu feiern. Wenn wir diesen Wein einladen, um jene Räume in uns zu öffnen, die uns an Erde und Himmel, an Wurzel und Flügel in uns erinnern. Und damit an die Natur, dessen bewusster Teil wir sind.

Maria und Sepp Muster

Die beiden haben drei Kinder und ihr Weinberg ist ein Paradies. Beide kommen aus der gleichen Gegend, der Hof ist die Heimat von Sepp. „Das Schöne an unserem Beruf", sagt Maria, „ist die Verbindung von Spiritualität und Erdung. Dabei gibt es keine wirkliche Trennung. Der springende Punkt ist das Lebendige und das Gesamthafte." Und Sepp: „Die Arbeit im Weingarten ist ein Spüren:

- Wie schwingt der Garten?
- Was fehlt energetisch?
- Was zeigt sich und wie ist mein inneres Bild?

Es ist wie ein Konzert aus Energien. **Daraus ergibt sich das, was getan werden muss, wie von alleine.**"
Sepp Muster ist einer, dem Konventionen bald zu eng sind. Schon als Bub war er ein Freigeist, wollte raus aus dem Korsett. Er besuchte in Klosterneuburg die Höhere Lehranstalt für Obst- und Weinbau, um anschließend in den USA Weinbau zu studieren. Danach ging er zurück und leitete das Weingut seines Vaters.

1994 war das Jahr seiner Wende. Er hatte einen Autounfall. War schwerverletzt. Traumatische Jahre lagen vor ihm, die ihn innerlich transformierten. Er fuhr oft nach Indien, lebte lange Monate in Australien und studierte bei Peter Procter, einem Neuseeländer, Biodynamik. Sepp: „Es geht um die Sensitivität zum Weinberg und um die Öffnung in andere energetische Ebenen. Manche Biobauern sehen nur das Rezept, beachten nur die sichtbare Form. Doch aus meiner Sicht entsteht Wein aus der Orchestrierung sichtbarer und unsichtbarer Komponenten. Das macht die Vielschichtigkeit des Weines aus. Jeder Schluck schmeckt anders. Wie in der Natur. Da ist auch alles jeden Augenblick anders. Voller Leben, das sich bewegt. Und das uns bewegt."

Alice und Roland Tauss

leben mit ihren beiden Kindern und haben zu ihrem Weingarten auch eine Winzer-Pension, herrlich gelegen, mit wohnlichen Zimmern. Erholsam. Alice führt dieses Kleinod. Sehr umsichtig und mit einer ansteckenden Leichtigkeit. Roland hat 1991 den Betrieb vom Vater gepachtet und 1993 übernommen. **Das Umdenken begann bei beiden, als sie mehr und mehr den Wein selbst zu ihrem Lehrmeister machten.** Alice: „Ja, es war wie bei einem Kind. Wir begannen, genauer zu schauen, was es tatsächlich als nächstes braucht und weniger: Was tut man? Dadurch hat sich mit der Zeit unsere Beziehung zum Wein, zum Boden, zu den Reben – geändert."
Roland: „Nur 6 bis 10 Prozent nimmt der Rebstock an Stoffen aus der Erde. Kunstdünger bedient somit nur diese wenigen Prozente. Die restlichen mehr als 90 Prozent kommen aus der Photosynthese. Damit rücken die Sonne, die Niederschläge, die Planetenkostellationen u.a.m. in das Zentrum unserer Aufmerksamkeit. Je mehr wir von diesen feinstofflichen Kräften wissen, desto intensiver können wir mit diesen zusammenwirken."
Die beiden zeigten uns ihren Weinberg. Erstaunlich war, dass jeweils eine Reihe gemäht war und die andere, nebenan, nicht. „Das hat seinen Grund darin", sagte Roland, „**dass wir sehr auf**

Mikroorganismen achten und darauf, auch den Kleintieren, den Insekten, den Würmern, ihren Lebensraum zu erhalten. Daher lassen wir immer einen Streifen stehen. Denn im hohen Gras fühlen sich diese Tierchen wohl."
Damit lüften wir noch einmal das Geheimnis: Es geht darum, das Lebendige im Boden und im Rebstock wach zu halten und diese Lebendigkeit zu verlängern durch den gesamten Prozess des Kelterns hindurch bis in das Glas, das dann so wunderfein mundet.

Brigitte und Ewald Tscheppe vulgo Werlitsch

Der Name „Werlitsch" verliert sich im Nebel der Zeit. Es ist der Hofname des Weinguts, das im Grenzland zwischen der Südsteiermark und Slowenien liegt. Brigitte und Ewald sind das jüngste Paar unter den drei Winzerfreunden und haben miteinander drei Kinder.
„Ich empfinde mich als Teil der Natur – so kann ich mit ihr nur gleich pfleglich umgehen wir mit mir selbst", sagt Brigitte. „Die Natur ist für mich ein Spiegel, in dem ich meine eigenen Handlungen betrachte und reflektiere."
Ewald meditiert regelmäßig. Dieses tägliche Eintauchen in die Stille nährt ihn. Sein Beruf ist seine Berufung. Ich habe den Eindruck, etwas von seiner Stille ist auch in seinem Wein. Obwohl es für mich nicht nachvollziehbar ist, glaube ich ihm, wenn er sagt: „Wenn ich ein Glas von meinem Wein trinke, dann erinnere ich mich, wie das Jahr dieses Jahrgangs in meinem Leben war. Der Wein erzählt mir die Geschichte."
Ewald hat den Hof von seinem Vater übernommen, der ebenfalls schon ohne Kunstdünger und Herbizide arbeitete. Prägend für Brigitte und Ewald war deren monatelange Reise zu Beginn ihrer Beziehung. Sie waren ebenfalls lange in Indien und Australien, um Grundlagen der Biodynamik zu studieren und um ihre Wahrnehmung für die Energien der Natur zu verfeinern. Aktuell experimentieren die beiden mit Amphoren. Eine Amphore ist ein bauchiger, enghalsiger Krug, meist aus Ton. Eine riesige Amphore, gefüllt mit echtem Werlitsch, ruht eingegraben im Garten der beiden und reift in Stille zur Blüte heran. Ewald: „Amphorenwein hat andere Kräfte, andere Energien.
Dies gilt es noch weiter zu erforschen.

Grundsätzlich gilt: **Die ART der Erzeugung macht den Unterschied.**"

Der SchwingungsWein und das Tor

Wein ist wie das Durchschreiten eines Tores. Vor dem Tor ist die Welt wie sie ist. Hinter dem Tor ist die Welt wie sie ist. Und doch ist es eine andere Welt. Der SchwingungsWein sieht aus wie Wein, schmeckt wie Wein. Doch Wanderer, wenn du diesen Wein trinkst, erleben deine Zellen einen neuen, unbekannten, anderen Klang. Es ist die Erinnerung an eine neue Zeit.

Biologisch-dynamisches Weingut & Winzerzimmer
Alice & Roland Tauss
Schloßberg 80
8463 Leutschach
Austria
tel +43 3454 6715
fax +43 3454 70050

weingut-tauss@gmx.at
www.weingut-tauss.at

Weingut Sepp & Maria Muster
Schlossberg 38
8463 Leutschach
Austria
tel +43 3454 70053
fax +43 3454 70053

info@weingutmuster.com
www.weingutmuster.com

Weingut Werlitsch
Ewald & Brigitte Tscheppe
Glanz 75
8463 Leutschach
Austria
tel +43 3454 391
fax +43 3454 391

office@werlitsch.com
www.werlitsch.com

brainbox®
dr. claudia feichtenberger

Die Sessel sind überaus bequem und mit schwerem blauen Samt überzogen. Das Licht ist gedämpft. Angenehm. Der Raum gehüllt in Musik. Wie es der Zufall will, kenne ich diesen Kanon von Pachelbel in D-Dur und weiß um die verändernde Wirkung der Barock-Musik. „Wer diese Musik hört", sagte ein anderer Meister des Barock, „dessen Gehirn rechnet neu." Johann Sebastian Bach. Wie erstaunlich. Und das vor Jahrhunderten. **Wir sitzen in einem Theater. Einem Lern-Theater.**

Licht aus. Spot on.

Sanft öffnet sich ein roter Vorhang. Auf der Bühne eine elegante, schlanke Frau. Eine Frau Doktor. Claudia Feichtenberger. Sie geht einen Schritt auf uns Leser zu, ergreift einen fiktiven Telefonhörer, wählt und sagt:

„Ich spreche mit Dr. Georgi Lozanov. Sofia. Bulgarien. Wir sind Anfang der 1960er Jahre. Es geht um Suggestopädie. Vielleicht Ihnen als Superlearning bekannt? Eine äußerst wirksame Methode, um Lernstoff aufzunehmen! Sie hören gleich mehr dazu. Wir zeigen Ihnen auch Bilder und einen Kreislauf. Doch für den Moment bitte ich Sie, sich Ihres Körpers bewusst zu werden und sich zu entspannen. **Kommen Sie ganz hier an. Danke.**"

Ich nütze die kleine Pause und erinnere mich. Es ist lange her… Ich war damals noch ein junger Mann und ein Freund unterrichtete sein erstes Jahr als Professor für Mathematik an einem Gymnasium in Innsbruck. Wir beide hörten von Suggestopädie und wollten diese geniale Möglichkeit dem Direktor des Gymnasiums schmackhaft machen. Dieser schmetterte uns ab und ich verlor die Sache aus den Augen. Doch nie aus dem Sinn. Immer hat mich diese Möglichkeit gezogen. Und jetzt höre ich wie elektrisiert zu:

Etwas Neues beginnt

„Die Entwicklung der Methode geht auf Dr. Lozanov zurück. Er ist Psychiater und Psychotherapeut mit Schwerpunkt Hypnose und Hypermnesie – also

ungewöhnliche Gedächtnissteigerung. Lozanov wurde 1926 geboren und lebt heute in Wien. 1966 wurde Suggestopädie erstmals der bulgarischen Öffentlichkeit vorgestellt. Bemerkenswert ist, sagt Dr. Feichtenberger, dass diese Methode, die den Unterricht revolutioniert, nicht aus Amerika kommt, sondern aus dem ehemaligen Ostblock. Lozanov studierte die erstaunlichen Lern- und Merkfähigkeiten von Fakiren, Yogis, Rechenkünstlern... und kam zu dem aufregenden Schluss, dass verlangsamte Körperabläufe verbunden mit einer ebenso verlangsamten Lernstoffdarbietung eine beträchtliche Steigerung der Lern- und Gedächtnisleistung verursachen.
Mehr noch: **Zu geistigen Höchstleistungen führen.**"

Zwischenspiel

Ich höre so konzentriert und wach zu, dass mir erst jetzt auffällt: Die Musik hat sich verändert. Wiener Klassik untermalt und trägt jetzt die Worte. Mir bleibt in Erinnerung, dass diese integrale Methode Interesse in Ost und West hervorruft – ohne dass es wirklich zu einem breiten Durchbruch kommt. Auch nicht, als Ende der 1970er Jahre die Journalistinnen Ostrander & Schroeder den internationalen Bestseller „Superlearning" schrieben.
Doch im Laufe der Zeit kam es zu einer deutlichen Professionalisierung – vorangetrieben und gestützt vor allem durch die DGSL; „Deutsche Gesellschaft für suggestopädisches Lehren & Lernen", deren Mitglied Claudia Feichtenberger ist. Trotzdem sind wir weit davon entfernt, diese effiziente Methode im Alltag unserer Ausbildungsstätten und Universitäten anzutreffen.

Bemerkenswerte Details

Suggestopädie arbeitet mit Rhythmen und erzeugt so einen ständigen Wechsel von aktiven und passiven Phasen. Das entspricht mir sehr. Denn alles fließt aus und ein, alles hat seine Gezeiten. Unser ganzes Leben ist durchwirkt von einem Rhythmus, der sich als unser eigener Lebenstakt zeigt. Wir können dieses Prinzip nützen – statt von ihm benutzt zu werden. Suggestopädie hat viele Erkenntnisse der modernen Gehirnforschung inhaliert und umgesetzt. So wissen wir, dass unser Bewusstseinszustand sich anders darstellt, wenn unsere Gehirnwellen in **Beta** sind. **Die Aufmerksamkeit ist nach außen gerichtet**, auf die Aufnahme neuer Inhalte – und der Schwerpunkt des Lernens ist organisierend. Wir stellen Verbindungen her zu anderen. Anders, wenn wir im **Alpha-Zustand** sind. Die Aufmerksamkeit verlagert sich und integriert äußere und innere Realitäten. In diesem Zustand fällt es uns leichter, die Dinge zu sortieren und der Zugriff auf die eigenen Fähigkeiten erhöht sich. Im **Theta-Zustand** richtet sich die Aufmerksamkeit nach innen. Wir sind kreativ und schaffend bis hin zu luzidem Träumen, Tagträumereien oder tiefer Meditation.

In der **Delta-Phase** schlafen wir tief und fest. Es ist natürlich ein gewaltiger Unterschied, ob Lehrer und Trainer um diese Dinge wissen, sie berücksichtigen und gekonnt zum Wohle der Lernenden einsetzen oder nicht.
Das gleiche gilt für den individuellen Lerntyp. Viele Menschen sind visuell orientiert. Hier wirken Bilder enorm unterstützend. Andere wiederum sind auditiv veranlagt. Das, was diese Menschen hören, merken sie sich leichter.
Der heißeste Tipp für den kinästhetisch-haptischen Lerntyp lautet: Bewege dich; verwende einen Konzentrationsball; baue oder finde ein Modell oder stelle den Lerninhalt pantomimisch dar. Grundsätzlich bewegen wir uns hier in einem Spannungsfeld zwischen Katalogisierung und Einzigartigkeit.
Seit Menschengedenken wurden und werden sehr viele **Typologisierungen** entwickelt. Denken wir nur an die Sternbilder, die ihre Wurzeln in den sumerisch-babylonischen Kulturen haben oder an die Typologie nach den vier Elementen oder nach den Temperamenten oder an diverse Dominanz-Modelle des Gehirns. Dr. Claudia Feichtenberger: „Beim Thema Lerntypen oder Lernstile beobachten wir ein riesiges und uneinheitliches Forschungsgebiet. Viele Theorien sind untereinander nicht kompatibel. Doch es zählt zu den wertvollsten Einsichten der Suggestopädie, dass sie unterschiedliche Lernstile nicht nur wahrnimmt und wertschätzt, sondern auch konsequent einbindet und anspricht."

Der suggestopädische Kreislauf

Wenn Sie für Ihre Firmen-Akademie oder für ein Training oder für Ihren Vortrag den suggestopädischen Kreislauf als Blaupause verwenden wollen – so können die nächsten Punkte für Sie Goldes wert sein. Die einzelnen Segmente eines solchen Kreislaufs können zwar – nach gewissen Regeln – verschoben werden. Doch wir folgen hier der Empfehlung unserer Trainerin Claudia Feichtenberger. Der suggestopädische Kreislauf stand Pate beim Aufbau dieses Beitrages bis hierher. Schauen wir also gemeinsam darauf.

Der erste Punkt hier in diesem Buch war die Einladung in unser imaginäres Lern-Theater. Wir betraten einen Raum, es spielte Barock-Musik und wir nahmen Platz. Die erste Station des Kreislaufs heißt: **Centering**; zentrieren. Centering bedeutet, eine Situation zu schaffen, in der die Lernenden zunächst einfach nur ankommen. Es gibt hier im Grunde nichts anderes zu tun als: Ankommen. Platz nehmen. Sich umschauen. Ankommen bei sich und in der Umgebung.

Der nächste Punkt unserer Reise heißt: Decodierung.
Hier geht es um ein erstes Kennenlernen des Themas. Es ist ein Vorgeschmack auf das, was kommen wird. Alles dreht sich darum,

die Freude und das Interesse der Zuhörer zu wecken. Neugierig zu machen. Wir wählten dafür: „**Licht aus. Spot on.**“

Der dritte Punkt unseres Kreislaufes kommt nun auf uns zu. Claudia nennt ihn **„auffrischen“**. Daher schrieb ich die kleine Episode mit meinem Freund Gottfried, der damals sein erstes Jahr als Lehrer an einem Gymnasium startete. Ich muss heute noch über unseren Eifer schmunzeln, als wir – sehr dürftig vorbereitet – dem Herrn Hofrat, seinem Chef und Direktor, von den Möglichkeiten der Suggestopädie vorschwärmten. Wir konnten keine einzige seiner bohrenden Fragen beantworten. Einerseits. Anderseits war auch keinerlei Offenheit zu spüren, die Darbietung des Lernstoffs gehirngerechter, entspannter, spielerischer, freudiger und vielfältiger zu gestalten. Und an dieser Haltung hat sich bei vielen Lehrern bis heute praktisch nichts geändert.

Daher kann ich sehr gut Claudia Feichtenberger verstehen, wenn sie sagt: „Wir verwenden heute meist immer noch Werkzeuge für das Lernen, vergleichbar mit den Ackerbauwerkzeugen der Steinzeit.“ Das Schulsystem in der derzeitigen Form ist aus meiner Sicht hoffnungslos überholt. Im Grunde müssten wir es ersatzlos entsorgen und etwas vollkommen Neues erschaffen. Doch das steht auf einem anderen Blatt.

Der vierte Punkt ist die Stoffpräsentation durch das **1. Lernkonzert**. Hier im Buch dargestellt durch: „Etwas Neues beginnt“. Wir haben hier die wesentlichsten Punkte zumindest gestreift, die zu geistigen Höchstleistungen führen. Musik ist für suggestopädisches Lernen zentral. Für das 1. Lernkonzert wählte Frau Feichtenberger „Wiener Klassik.“

Der fünfte Punkt ist wiederum eine **Auffrischung**. In diesem Buch ist das mit dem Teil „Zwischenspiel“ skizziert. Auffrischungen können auch Körperübungen sein. Jedenfalls sind das kleine Unterbrecher – und wenn es nur heißt: Aufstehen – um die Energie wieder zu heben. Auffrischer werden situativ eingesetzt.
„Atmen nicht vergessen.“

Damit kommen wir zum **sechsten Punkt**, der **Vertiefung**. Hier werden wesentlich mehr Details präsentiert. Aus einem enorm reichen Schatz an Möglichkeiten, die mir Dr. Feichtenberger in der Vorbereitung bot, wählte ich die Gehirnwellen und die Lerntypen aus. Doch der

Absatz „bemerkenswerte Details“ hätte auch vollkommen anders gestaltet werden können. Claudia hat mir sehr viel zu diesem Punkt erzählt und auch teilweise vorgespielt. Überaus mitreißend und plastisch. Und ich habe Unterlagen zu mehr als 70 Spielen und Methoden vor mir liegen für ein aktivierendes Training. Gerne nenne ich ein paar Namen für dieses Methodenset, damit Sie einen Geschmack bekommen:
Angeln; Stille Post; Stimme dazu; Discman; Hexenbesen; Tempo! Tempo!; Lernspaziergang; Popcorn-Methode; Mathewalk und sehr viel anderes mehr. Jede dieser Methoden hat ein klares Ziel. „Angeln“ hat das Ziel der Wiederholung. Es ist für alle Lerntypen geeignet. Ein blaues Tuch kann einen Teich simulieren, Kärtchen könnten Fragen oder Antworten sein.
Sie sehen, bei dem Punkt „Vertiefung“ steigen Sie intensiv in Ihr Thema ein.

Nach der Vertiefung kommt als **siebter Punkt** das **2. Lernkonzert.** Für das 2. Lernkonzert empfiehlt Frau Feichtenberger Barockmusik, um Kerninformationen abzuspeichern.

Der achte Punkt ist besonders wichtig. Denn jetzt geht es um die **Aktivierung** und damit um den **Transfer in den Alltag**. Wenn Sie mittels Suggestopädie eine Sprache lernen, so sprechen Sie praktisch von Anfang an. Doch zu Beginn eher geführt. Mit Kärtchen zum Beispiel oder anderen Hilfsmitteln. In dieser Phase sprechen Sie nun frei. Während des Kurses. Die Phase der Aktivierung wird nicht ausgelagert – wie es im herkömmlichen Unterricht ist, als Übung in der Freizeit – sondern ist integraler und wesentlicher Bestandteil. Und noch etwas: Üben kann totalen Spaß machen. Sie können sich an diesem Punkt wundervoll von allen Peinlichkeiten und Prüfungsängsten befreien. Sie lernen ja. Sie üben. Sie erproben sich selbst. Riskieren sich in einem Umfeld aus Achtsamkeit, Freude und Respekt.

Der neunte und letzte Punkt ist der Schlusspunkt.
Bleiben Sie bitte noch ein bisschen sitzen in unserem Raum mit den schweren, blauen Samt-Stühlen.
Dürfen wir Ihnen etwas zu trinken anbieten? Ist das Licht angenehm so für Sie? Ich möchte Ihnen gerne noch erzählen, wie wertvoll ich diese Arbeit von Claudia Feichtenberger und ihrem Team empfinde. Auch wenn wir heute nur über Suggestopädie gesprochen haben, so ist das nur ein Aspekt im Konzert der Möglichkeiten der brainbox®.
Ein weiteres Tool heißt PhotoReading®, das ebenfalls auf den Prinzipien der Suggestopädie aufbaut. Dies ist ein revolutionäres Lesesystem, das uns an die Fähigkeiten der Kristallkinder erinnert. Glaublich – statt unglaublich.

Klarsinn – statt Wahnsinn. Sie docken sich an die überwältigenden Möglichkeiten Ihres Gehirns an und: staunen.
Sind Sie noch da? Können wir noch ein, zwei Minuten miteinander austauschen?

brainbox® bietet ein gutes Trainernetz an und die Ausbildungen sind die perfekte Einlösung dessen, was Sie später selbst lehren. brainbox® arbeitet konsequent und durchgängig mit den Methoden der Suggestopädie. Und das seit mehr als 20 Jahren. Diese spitze Ausrichtung ist ohne jeden Zweifel Juwel und Kern der Marke brainbox®.
Dr. Claudia Feichtenberger beschäftigt sich intensiv mit Forschung und Weiterentwicklung. Ich liebe diese akademische Lauterkeit. Sie hat damit weltweit eines der wenigen Institute geschaffen, das auf der Basis der Suggestopädie das Thema **„Lernen lernen“** konsequent voranbringt.
Sie zählt zu den Pionieren auf diesem Gebiet mit internationalem Engagement.

Mich beeindruckt die solide Qualitätssicherung sowie die großartige Verbindung aus der Weite des Horizonts der Möglichkeiten mit dem sorgfältigen Blick für Details. Doch was mein Herz nährt ist die Freude darüber, wie kreativ Lernen sein kann, wenn die Räume der Angst nicht betreten werden – sondern feine Musik und wohlige Entspannung das Lern-Theater füllen.
Danke für Ihren Besuch.

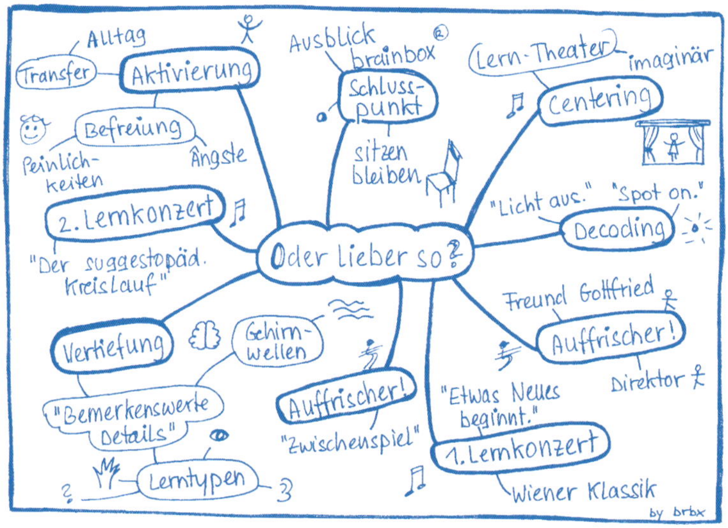

brainbox®
Kugelberg 82
8111 Judendorf Straßengel bei Graz
Austria

tel & fax +43 3124 51183
office@brainbox.at
www.brainbox.at

burkhard koller
gläser für die seele.

Wann immer wir einander begegnen, fasziniert mich die Vielschichtigkeit dieses Mannes: **Burkhard Koller.** Wir treffen einander nicht oft – doch wenn, dann ist es immer ein tiefer Austausch. Das Eigenwillige daran ist, dass ich bei jedem unserer bisherigen Gespräche den Eindruck bekam, Burkhard durch drei Zonen hindurch zu sehen. Gleichzeitig.

Diese drei Zonen sind offen und durchgängig, vergleichbar mit drei hintereinander liegenden Räumen. Diese Räume sind durch Türbögen miteinander verbunden. Das gestattet eine bestimmte Perspektive von jedem der Räume aus in die jeweils anderen.

Der erste Raum

Der erste Raum ist der Offensichtlichste. Ich nenne diesen Raum Einfachheit. Burkhard Koller ist Graveur. Das ist sein Beruf und seine Berufung. Das hat er gelernt. Hierin ist er Meister. Und wie ein Graveur seine Sachen fein säuberlich bei der Hand hat, so greift Burkhard auch wohlbedacht zu jedem

Wort. Es entsteht eine unaufgeregte Klarheit. Denn Burkhard liebt es, Dinge auf das Wesentliche zu reduzieren. Wie bei einer guten Gravur.
Kein zuviel. Kein zuwenig.
Alles findet seinen Platz. Wie selbstverständlich. Das erzeugt ein Gefühl von „ja" und: „Es kann gar nicht anders sein." So einfach. Gut.

Der zweite Raum

Der zweite Raum ist ein Kontrastprogramm. Nennen wir diesen Raum Komplexität. Denn hinter der offensichtlichen Einfachheit schimmert ein Firmament aus Möglichkeiten. Burkhard Koller scheint aus diesem Raum zu schöpfen. Zusammenhänge werden plastisch. Hintergründe sichtbar. Steht im ersten Raum das Wort „Hingabe" – so zeigen sich im zweiten Raum die komplexen Fäden, aus denen dieses Wort gewebt ist. Im Nu erblüht ein vielschichtiger Austausch, weshalb ausgerechnet dieses Wort eines seiner Gläser ziert.

In diesem zweiten Raum wird deutlich, wie umfassend Burkhard den Raum hinter der Gravur erforscht. Den Raum, in dem sich die Matrix formt. In diesem Raum finden sich auch Öffnungen zu anderen Dimensionen.

Hingabe

ist für Burkhard Koller überfließende Liebe. Eine Eigenschaft des Herzens. Die Ehrfurcht für alles, was ist. Hingabe fragt nicht, ob die oder der dieses oder jenes verdient hat. Hingabe sagt einfach ja. Gibt sich aus einer nicht-dualistischen Sicht hin. Wie eine Wolke, deren erfrischender Regen auf alles fällt, was sich unter der Wolke zeigt. Auf die Heilige ebenso wie auf den Sünder. Auf den Reichen ebenso wie auf den Armen. Hingabe bedeutet, sich in einem gewissen Sinne aufzulösen im Gesamten, um zu erkennen, dass wir in diesem großen Konzert ein Instrument spielen.
Die Partitur unseres Lebens.

Der dritte Raum

Der dritte Raum wiederum weist in das Namenlose. Es ist der Raum jenseits der Worte, jenseits aller Begrifflichkeiten.
Wenn im **ersten** Raum als Beispiel Hingabe steht und
im **zweiten** das Gefüge, aus dem sich der Begriff webt,
so ist der **dritte** Raum die Zone des Namenlosen.
Jeder Begriff für diesen Raum greift zu kurz. Denn es ist der stille Raum des „Universal Einen". In all meinen Gesprächen und Begegnungen mit Burkhard Koller tauchte dieser Raum als Quelle und als Ziel gleichermaßen auf.

Liebe

Die Vita

Burkhard wurde im Bayrischen Wald geboren. Seine Eltern hatten eine kleine Landwirtschaft. Einen Einödhof. Die Mutter war für den Hof zuständig, Vater verdiente das notwendige Zubrot außer Haus. Burkhard hatte als Bub viele Freiräume, war oft in der Natur, stundenlang im nahen Wald. Er zeigte mir ein Foto aus dieser Zeit. Unter dem Foto ein kleines Messingschild. Darauf eingraviert: **„Burkhard Koller, Künstler“**

Er machte den Abschluss in der Realschule, um danach Graveur zu lernen.
Mit Meisterprüfung.
1979 heirateten Martha und er. Die beiden bekamen zwei Söhne, Thomas und Christian. 1988 dann der große Schritt in die Selbstständigkeit. Ein Ladengeschäft mit einer Werkstatt. In dieser Zeit wurden noch 90 % aller Arbeiten in dieser Branche von Hand gemacht. Da er fleißig war und das Geschäft gut ging, kam bald ein kleines Haus zum Geschäft hinzu. Doch dann traten zwei Ereignisse gleichzeitig ein. Technische Innovationen drehten seinen Beruf um 180°. 90 % der gesamten Arbeit lief nun computerunterstützt, maschinell gesteuert. Burkhard wollte außerhalb seines Geschäftes zu Geld kommen und konzentrierte sich mehr und mehr auf Anlagen. Er spekulierte und: hatte sich verspekuliert.

Die Dynamik des Lebens

Wann immer wir die Dynamik eines Lebens betrachten, jedes Mal stoßen wir auf enorme Verdichtungen, auf energetische Knoten, die in sich ein explosives Potential bergen. Auch hier sehen wir diesen Knoten. Der Markt hat sich gedreht, alles Geld war nicht nur weg – sondern Schulden waren da. Groß. Deutlich. Eine solche Destabilität wirkt immer wie eine Entfesselung. So wie bisher konnte es einfach nicht weitergehen.
Und so ging es dann auch nicht weiter.
Die Schulden wurden zurückgezahlt, die Ehe der beiden löste sich und Burkhard entdeckte in der zweiten Hälfte der 1990er Jahre für sich eine neue Welt.
Es war die Welt des Bewusstseins.
Ihm öffnete sich ein neuer Kontinent und er suchte darin nach seinem Ausdruck. Burkhard wandte sich der Ausbildung zum Heilpraktiker zu. Er besuchte einschlägige Seminare, studierte schamanische Heilweisen und

machte nach dem Abschluss die Ausbildung zum geistigen Heiler. Drei Jahre. In der Schule der Geistheilung nach Horst Krohne. Mit Zertifikat.

Die Synthese

Burkhards Augen beginnen zu leuchten, wenn er über die Annäherung von zwei scheinbar so fernen Berufen spricht wie dem des Heilers und dem des Graveurs. „Wie", so fragte er sich, „kann ich die Essenz des Heilens mit der Essenz des Graveurs verbinden? Wo treffen sich beide Berufe? Wo gibt es Schnittstellen"? Eine spannende Reise lag vor ihm, aufregend wie ein Roman von Agatha Christie. Und knifflig. Zeitlich sind wir jetzt in den ersten Jahren des neuen Jahrtausends in seinem Leben.
Und die Frau seines Herzens ist in der Zwischenzeit ebenfalls an seiner Seite: **Katrin Stigge**.

Heilen

Das Wort entstammt derselben Wurzel wie das englische „whole" – „ganz, heil". Heilen und heilig kommen sprachlich aus dem gleichen Stamm. Geheilt zu sein bedeutet, mit dem Ganzen verbunden zu sein. Ein kranker Mensch ist jemand, der Blockaden zwischen sich und dem Ganzen entwickelt hat. Die Verbindung ist unterbrochen oder gestört. Wird diese Verbindung wieder hergestellt, so vergeht die Krankheit und der Mensch wird wieder heil, gesund.

Gravieren

Dieses Wort führt uns zum französischen „graver" – „einschneiden, einritzen" und weiter zurück zum germanischen „graba" – ausgraben, eingraben, umgraben. Wenn wir von dort aus einen großen Sprung machen, so landen wir bei den alten Griechen. Diese sagten „charakteristikos" und meinten das Eingeritzte; das Eingeprägte. Daraus entstand das deutsche Wort Charakter. Das, was sich unserer Persönlichkeit wie eine Gravur einritzt. Es sind die Spuren, die Zeichen, die Linien unseres Lebens. Hier begegnen wir der Gravur des Bewusstseins ebenso wie den Spuren aus Freud' und Leid, die unser charakteristisches Aussehen prägen. Wollen wir diese Linien verändern, so müssen wir uns öffnen für neue Zeichen. Denn unser Körper ist auch ein Ort der Erinnerung.

Nietzsche sagte: „Es ging niemals ohne Blut, Martern, Opfer ab, wenn der Mensch es für nötig hielt, sich ein Gedächtnis zu machen."
All das ist in unser kollektives Gedächtnis eingraviert.

Heilen + gravieren

Burkhard Koller hat für sich diese Verbindung geschaffen, wenn er sagt: „Es ist der Graveur, der mit seiner Gravur Tore und Welten öffnet. Denn wir haben im Vordergrund das einfache Tun an einem Objekt. Doch dahinter liegen die Räume, aus denen der Geist für diese Gravur quillt.

- Welche Absicht prägt die Gravur?
- Welche Intention will eine Form finden?
- Welche Schwingung wollen wir der Welt einprägen?

Die Antworten daraus sind das Feuer, das mich treibt."

Tatsächlich ist es so, dass einfache Worte seine Gläser zieren. Worte wie Achtsamkeit, Freude, Dankbarkeit, Hingabe, Zuwendung, Vertrauen, Liebe … Diese Worte sind das Offensichtliche. Sie sind gewissermaßen der Endpunkt, dessen Ursprung jedoch aus tieferen Räumen kommt. Aus einem wissenden Herzen, das um Schwingungen weiß und das erkennt, wie prägend eine Gravur sein kann. Wie vielschichtig. Wie raumgebend. Und wie bedeutsam.

Katrin Stigge

die Frau an der Seite von Burkhard Koller, arbeitet in einem Konzern und unterstützt auf liebevolle und kreative Art das Werden der „Gläser für die Seele". Sie erzählt: „Unlängst waren wir in einem Restaurant, das Sektgläser mit eingravierten Worten von uns kaufte. Zu einem gegebenen Anlass wurden die Gläser eingeweiht und wir waren dabei. Als stille Zaungäste. Wir wollten sehen, ob sich etwas und wenn ja, was sich zeigt.
Den versammelten Festgästen wurde also jeweils ein Sektkelch gereicht. Anfänglich ist es niemand aufgefallen, dass auf den Sektgläsern Worte stehen. Doch plötzlich bemerkte eine Frau die Gravur und las laut vor: „Zuwendung". Mit einem wunderbaren Lächeln wandte sich diese Dame ihrer Nachbarin zu und ich hörte sie fragen: „Sag, steht auf deinem Glas auch etwas?" Diese betrachtete nun aufmerksam ihr Glas und las: „Dankbarkeit". Nach kurzer Zeit lasen auch andere die Worte auf den Gläsern und dann geschah es: Plötzlich begann sich die Energie zu verändern! Die Gespräche wurden weicher, leiser. Direkter. Die Menschen begannen, über diese Worte und deren Bedeutung zu sprechen und es entstand – ohne weiteres Zutun – aus sich heraus eine Atmosphäre von Achtsamkeit, von einer neuen Vertrautheit."

Burkhard Koller liebt es, wenn seine **„Gläser für die Seele"** in die Welt gehen. Die Worte auf den Gläsern lassen geschehen, dass die Räume betreten werden können, aus denen diese Worte kommen. „Wenn ich graviere, graviere ich nur. Doch ich weiß, ich bin durch eine hintergründige Hingabe mit der Quelle von allem verbunden. Deshalb weiß ich auch, dass jedes einzelne Glas seinen Weg in die Welt und zu den Menschen findet."

Ja, so ist es.

HORUS-K
Burkhard Koller
Hammerstraße 2
79540 Lörrach
Deutschland

tel. +49 7621 1639414
fax +49 7621 1639415

info@horus-k.de
www.horus-k.de

kdg
universe of service.

Die Entscheidung selbst offenbart den wirkenden Geist. Lassen Sie mich berichten: Als dieses Buch Form annahm, wollte ich kdg dabei haben. Das sagte ich einigen leitenden Mitarbeitern von kdg. Nach einiger Zeit kam ein sanftes „Nein“ aus der Vorstands-Etage.
Sehr menschlich. Begründet. Wohl überlegt.
Dem stellte ich weich ein offenes „Ja“ gegenüber. Kein Druck. Viel mehr die Einladung, nochmals gemeinsam zu schauen. Denn während meiner Jahre als Unternehmensberater galt eine Formel als Credo für alle Lagen:
„spitz statt breit“. Das hört sich in etwa so an: „Wir leben in gesättigten Märkten. Konzentrieren Sie sich daher auf eine Nische. So spitz – also so konzentriert – wie möglich. Durch die spitze Konzentration auf den Nutzen einer Szene oder Zielgruppe dringen Sie in diese Nische ein und: machen Ihren Markt“.

Alles klar?

Das hat auch kdg getan. Das Unternehmen hat sich spitz auf den CD und DVD-Markt konzentriert, bot technische Innovationen und wurde ein bedeutender Spieler. Über Europa hinaus. Doch wir alle wissen: Nicht nur durch MP3 – vor allem durch die vielseitigen Möglichkeiten des Internet, Musik zu downloaden – wurde der CD und DVD-Markt brüchig. Wir können ruhig von problematisch sprechen. Die Stärke dieser spitzen Ausrichtung wurde nun eine beachtliche strategische Schwäche.

Was tun?

Das Management von kdg gestaltete eine ebenso achtsame wie intelligente Spirale für einen attraktiven Weg in die Zukunft. Schritt für Schritt bewegte sich das Unternehmen aus dieser spitzen Konzentration heraus und machte sich runder. Doch nicht wie in alten Zeiten im Sinne eines Bauchladens, sondern durch das Besetzen von strategischen Feldern, die den Service-Charakter des Unternehmens auf eine neue Ebene hoben. Denn die einzelnen Felder wirken synergetisch zusammen, bündeln Kräfte, verstärken einander gegenseitig.

Müsste ich dafür eine Merk-Formel ausarbeiten, so wäre das mein Vorschlag: „**ausgerichtet – rund**.“ Eine dynamisch-ausbalancierte Spirale aus Synergie-Effekten. Nach oben offen.

Lassen Sie uns Schritt für Schritt vorgehen, damit Sie den maximalen Gewinn aus dieser Geschichte ziehen. Bleiben Sie dran. Es geht einfach weiter...

Sie wissen selbst: Wenn das Geschäft boomt, brauchen wir uns viele Fragen gar nicht erst zu stellen. Doch die Prioritäten verlagern sich deutlich, wenn es zu einer Krise kommt. Nun, wir bewegen uns derzeit |2009| durch eine globale Krise. Daher kann es sehr lehrreich sein, zu schauen, wie kdg in einer solchen Situation handelt.
Möglicherweise ergeben sich daraus für Sie sinnhafte Rückschlüsse.

Die Geschichte:

kdg wurde 1985 als eines der ersten Presswerke in Europa gegründet – und zwar von Franz Koch, einem legendären Unternehmer. Die 1980er und 1990er Jahre brachten großes Wachstum. Ein Investmentfond beteiligte sich und es wurden neben dem Standort in Tirol/Österreich noch Werke in Frankreich und in den Niederlanden gekauft.
Daher auch der Name kdg. Er steht für „koch-dureco-group“.
2001 platzte die Technologie-Blase und es kam weltweit zu dramatischen Einbrüchen. kdg war gefordert, einen Kulturwandel im Unternehmen herbeizuführen.

Damit Sie als Leser mehr als eine interessante Information über den Verlauf dieser Veränderung haben, verraten wir Ihnen hier ein **grundlegendes Denkmodell**:
Erstens: Lösen Sie sich von der Fixierung auf Probleme und auf zwingende Umstände. **Zweitens:** Verbinden Sie sich mit Möglichkeiten. Denken Sie in Möglichkeiten. Erträumen Sie sich eine ideale Szene; jenseits der tatsächlichen Realität. Denn im Traum ist alles möglich und so bekommen Sie leichter ein Gespür und ein Gefühl dafür, wie und wo sich Wege öffnen könnten. Die alten Römer sagten schon: „**solve et coagula**“. Löse – und verbinde dich neu.

Und ein Credo der Quantenphysik lautet: „**Denken Sie in Möglichkeiten. Denn aus der Quantenwelt können all diese Möglichkeiten in die Realität geschoben werden**“.

Das ist leichter gedacht als getan.

Ein Unternehmen wie kdg ist wie ein großer Tanker. Es ist praktisch unmöglich, sehr schnell die Richtung zu ändern. Denken Sie an die teuren Maschinen, die Produktionsstätten, die Fertigungsstraßen, den administrativen Apparat. Gleichzeitig führt es natürlich zu finanziellen Turbulenzen, wenn der Markt schnell einbricht.

Eine wichtige Einsicht

Die dramatische Veränderung des Marktes – also im Außen – löste eine Veränderung in der inneren Struktur von kdg aus. Plötzlich wurden Fragen zentral wie:

- Wer sind wir denn eigentlich?
- Was ist uns wirklich wichtig und worauf kommt es uns an?
- Wie können wir die Eigenverantwortung jedes Einzelnen fördern plus den dafür erforderlichen Freiraum schaffen und gleichzeitig
- eine gemeinsame Grundausrichtung haben?
- Was hat Wert? Was hat Bestand?
- Was erzeugt Resonanz? Was Nachhaltigkeit? Und was geschieht, wenn wir uns auf langfristige Ziele ausrichten und uns von diesen leiten lassen?
- Welche zusätzlichen Angebote würden unsere Kernkompetenz ausgewogen erweitern?
- Wollen wir uns von einem Fertigungs- zu einem Dienstleistungsunternehmen wandeln?

Die Umgebung

Wir hören oft, wie sehr die Umgebung die Menschen, die darin leben, prägt. So ist es auch hier, bei kdg. Das Stammhaus ist in einem Naturpark angesiedelt. Es ist ein begnadet schöner Flecken im Tirolerland, eingebettet in die Lechtaler und Allgäuer Alpen. Dort, auf ungefähr 1.000 m liegt das Dorf Elbigenalp. Viele der etwa 800 Einwohner arbeiten bei kdg. Das führt dazu, dass alle bei kdg per Du sind und ein außerordentlich familiäres Betriebsklima den Ton bestimmt. Auffallend dabei ist, dass trotz dieser Nähe ein achtsamer Raum für jeden Einzelnen aufrecht bleibt. Sehr wohltuend. Ohne viel Brimborium durchzieht ein guter Klang aus Bewusstheit die „3 Planeten“ der kdg. Und möglicherweise hat diese Rückbesinnung – verbunden mit der heilen Umgebung – dazu geführt, dass kdg ihren Kern bewahrte, doch um **Planeten** erweiterte.

Eine spannende Lösung, aus der Sie einen Gewinn ziehen können. Insbesondere dann, wenn Sie für Ihre Botschaften und Anliegen auch CDs, DVDs, Filme – oder auch web-basierte Streamings mit eigens komponierter Musik – einsetzen möchten. Mehr noch: Wenn Sie einen wirklich modernen Internet-Shop betreiben wollen …

Die drei Planeten:

- MEDIASCOPE
- MEDIATECH
- MEDIALOG

MEDIASCOPE

Das Wort „scope“ bedeutet „Entfaltungsmöglichkeiten“ und grenzt auch den Rahmen |scope| ein. Hier zelebrieren Kreative ihre digitale Welt. Technisch top – und auch wirtschaftlich gut. Eine super Truppe, die mit Herzblut bei der Sache ist. Ja, und mit Liebe bis in das kleinste Detail. MEDIASCOPE liefert Grafic & Screen Design, das alle Stücke spielt. 3Ds, die einen Sog auslösen und „music for moving pictures & corporate sound, der einfährt und unter die Haut geht.“
Come along. You'll love it. For sure.

MEDIATECH

kdg ist nach wie vor „disc“. Das Metier ist die Scheibe. Mit allem Drumherum. Standard und extra. In Topqualität. Sie erinnern sich: kdg war eines der ersten Presswerke in Europa. Die Tageskapazität beläuft sich heute auf etwa 350.000 Scheiben. Von Klein- bis Kleinstaufträge über Spezialprodukte und komplexe Sonderfertigungen bis hin zu Großauflagen.
Für die Spezialisten unter den Lesern: CD-Audio; CD-Rom; DVD; MC; Blu-ray. Und Specials wie Visitenkarten-CD; Duft-CD; Icon-Disc; Vinyl Vintage – die schwarze Scheibe mit Rillenlackierung im Vinyl-Stil oder als Neon-Disc koloriert in Neon-Farben, stark und steil oder transparent neonfarben bzw. vollkommen durchscheinend.

Let's green up

Als erstes Unternehmen bietet kdg CO_2-neutrale Produktionen an. „Das ist ein klares und eindeutiges Signal in Richtung Zukunft“, sagt Michael Hosp, Vorstand von kdg. Michael ist seit 1992 im Unternehmen und machte dort Karriere.

greenup®
let's green up
an initiative of **kdg** mediatech AG

Michael Hosp und Dominik Friedle

Er erlebte noch die wilden Jahre des Aufbruchs, war dabei, als kdg in den späten 1990ern zu den europäischen Pionieren bei der Produktion von DVDs zählte, steuerte das Unternehmen verantwortlich durch die Turbulenzen der zappeligen 2001er Krise und formte kdg zu einem **„Universum aus Service“**.

„Let's green up“ ist eine Initiative mit einem Bündel an Angeboten, um der gesamten Branche mehr Nachhaltigkeit zu bieten. Michael Hosp: „Unsere Welt ist jene der Medien, der Kunst, der Kultur, der Bildung, des Spiels, der Unterhaltung, der Kommunikation. Über die hier vermittelten Inhalte werden wir alle automatisch auch zu Botschaftern.“ kdg bietet mit diesem Service CO2-neutrale Produktionen als erstes Service-Netzwerk der Branche an. Natürlich gemeinsam mit Partnern.

MEDIALOG – eine Innovation für Web-Shops.

MEDIALOG ist der dritte Planet im „Universe of Service“. Hier findet derzeit eine Innovation statt, die für viele Leser dieses Buches ebenso spannend wie zukunftsweisend sein könnte. Lassen Sie mich mit Dominik Friedle beginnen, der diesen „Planeten“ navigiert.

Wohin geht die Reise?

Dominik: „Was wiegt's, das hat's. So packen wir's ein, so packen wir's an. Unser Pick-and-Pack-Service arbeitet punktgenau pünktlich. Wir haben ein System etabliert, mit dem wir konsequent die besten Auslieferungsquoten der Branche erzielen.“

Tatsächlich ist MEDIALOG seit Jahren im internen Lieferanten-Ranking der bedeutendsten Internet-Händler unter den Top-Five, denn die Liefer- und Termintreue liegt konstant über 99,5 Prozent. Das kann sich sehen lassen, und ich verstehe die selbstbewusste Freude von Dominik Friedle.

MEDIALOG ist der Planet der Lagerhaltung, der Logistik und des Versands. Die Hallen stehen in Stanzach in Tirol, ein paar Autominuten zur deutschen Grenze nah. Das ist ein echter Wettbewerbsvorteil. Denn täglich mehrmals pendelt ein Transporter über die Grenze und nützt so für MEDIALOG-Kunden die jeweils günstigsten Versandgebühren. Für Österreicher die österreichische Post – oder postähnliche Partner; für Deutschland – deutsche Partner.

Aufregend neu und eine zündende Idee

Ein Weltmeister im Versandgeschäft ist Amazon. Tatsächlich kennt Amazon meine Lesegewohnheiten besser als ich selbst, das kann ich ohne Übertreibung sagen. Ich bin jedes Mal verblüfft, wie haarscharf mir Amazon jene Bücher serviert, die mich tatsächlich interessieren. Beeindruckend. Dahinter liegt natürlich ein ausgereiftes und ausgefeiltes EDV-Programm. „Doch bei wem“, fragt mich Dominik mit strengem Blick „sammeln sich die Informationen?“ Ich schlucke, denke einen Moment nach und sage dann brav: „Bei Amazon!“ „Genau“ nickt Dominik. „Die Verlage – geschweige denn Autoren wie du – haben keine Ahnung, wer welche Bücher von wem wann kauft.“ So ist es. Das ist nicht zu übersehen. „Stell dir vor, die einzelnen Verlage wüssten, was Amazon weiß“ setzt Dominik fort. „Welch ein enormer Know how-Vorteil.“ MEDIALOG bietet ab Ende 2009 seinen Kunden einen Service an, der all diese Informationen und noch mehr transparent macht. Kleine, große oder mittlere Webshop-Betreiber bekommen so wertvolle Informationen über die Kaufgewohnheiten ihrer Kunden und können sehr viel individueller ihre Angebote gestalten. Da MEDIALOG die Auslieferung macht, wissen Sie als Partner, über welchen Kanal Ihre Kunden am liebsten bestellen. Über den Webshop, über ein Call-Center, über einen klassischen physischen Shop, über einen TV-Shop, über Verkaufsplattformen, über Netzwerke oder über was auch immer.

Wir zeigen Ihnen hier eine Grafik, die das Konzept veranschaulicht:

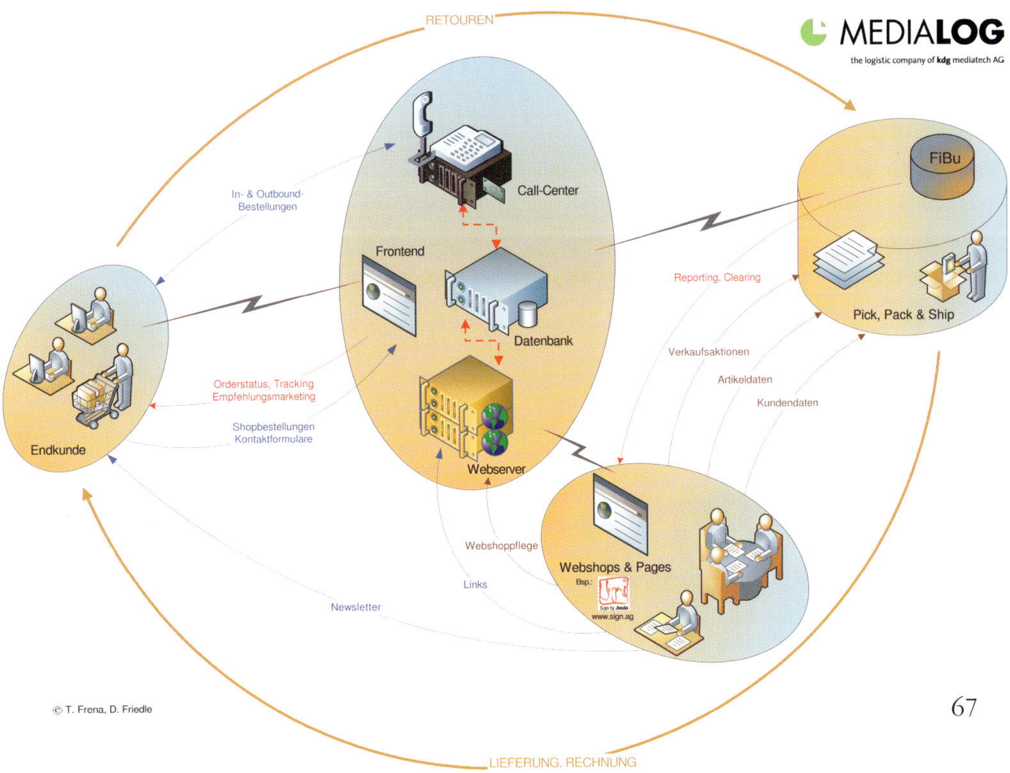

MEDIALOG – liefert im Hintergrund für alle Partner aus.
… die einzelnen Partner zusammengefasst in einer Mall.
Das multipliziert Ihren Nutzen als Webshop-Betreiber. Denn Sie werden einerseits gefunden über Ihren Webshop |wie www.SIGN.ag| anderseits über die Web-Adresse der Mall.

Ihre Kunden kaufen über die unterschiedlichsten Kanäle zu unterschiedlichen Zeiten. **All diese Informationen werden von MEDIALOG für Sie aufbereitet und Ihnen zur Verfügung gestellt.** So entstehen für alle Synergie-Effekte. Alle miteinander könnten sich zu einer neuen Liga formieren.
Denn das Wissen bleibt nicht bei kdg, sondern wandert zu Ihnen!
Daraus können – müssen sich jedoch nicht – vollkommen neue Querverbindungen ergeben. In einer Mall kann aus unterschiedlichen Shops eingekauft werden. Der Kunde bekommt nur 1 Rechnung und nur 1 Warensendung – obwohl er in mehreren Shops kaufte.
Die Shops untereinander können Allianzen bilden; zusammenwirken in den unterschiedlichsten Bereichen wie Verpackung, Marketing oder After-Sales-Aktionen. Über ein Affiliate-Programm können Empfehlungen auch finanziell honoriert werden.

Mit einem Wort:

Möglichkeiten ohne Ende. Denn welche Grenzen sind der Kreativität gesetzt?
kdg verbindet NetEconomy mit einem „Universe of Service."
Eine Möglichkeit löst eine weitere aus. Und diese eine weitere. Wenn wir aus einem offenen Geist diese Bewegung erfassen und wissen, wofür unser Herz schlägt, dann finden wir in gewissem Sinn Sicherheit in der Unsicherheit.

- Wir öffnen uns für Zufälle und Einfälle
- sind ausgerichtet auf Nachhaltigkeit und langfristige Ziele und:
- bleiben der Haltung des Service verpflichtet

Unser Wissen zeigt sich in unseren Handlungen. Nirgendwo sonst.
kdg ist ein gutes Beispiel dafür. Ein sehr gutes.

kdg mediatech AG
6652 Elbigenalp 91
Austria
tel +43 5634 500
fax +43 5634 6105
office@kdg-mt.com
www.kdg-mt.com

walter feldkircher
feldkircher medienpartner

„Es war immer ein Geistesblitz", sagt er. „Plötzlich war es da und ich wusste: So könnte es gehen. Ja, so könnte es gehen! Möglicherweise …"
Der Raum war erfüllt von einer eigenartigen Spannung. Walter tut in dem Sinn nichts, wenn er spricht. Und doch ist darin etwas Elektrisierendes. Magnetisches.
Wann immer ich ihm zuhöre, zieht es mich förmlich in seine Projekte hinein. Und obwohl ich nicht sein Kunde bin, entsteht immer in mir die Frage: „Könnte ich das auch brauchen?"
Ich kenne dieses Faszinosum gut. Warum? Weil ich Walter Feldkircher schon lange kenne.
Er ist für mich ein Phänomen. Jedes Mal, wenn ich ihm begegne oder tiefer in seine Geschäfte eintauche, stellen sich mir die gleichen Fragen:

- Wie macht der Mann das?
- Wie hält er das aus?

Und es zerrt mich innerlich sowohl hin als auch weg. Ich stehe zwischen zwei Polen; beide unter Hochspannung. Denn der Erfolg von Walter Feldkircher zieht mich, sein Einsatz schreckt mich.
Eine Ambivalenz, die mich seit Jahren begleitet.

Mehr als Kilometer

Bitte stellen Sie sich das vor: Ein Mann fährt seit Jahrzehnten Jahr für Jahr mit seinem BMW mehr als 80.000 km pro Jahr. Da er überhaupt keine Zeit hat für irgendeine Reparatur, wird der Wagen konsequent alle zwei Jahre getauscht.
Dieser Mann macht praktisch im Alleingang, nur mit einem winzigen Backoffice, mehrere Millionen €uro Umsatz. Und da er mit den absoluten Top-Medien im Print-Bereich zusammenarbeitet, ist sein Tun stets an unverrückbare Redaktions- und Erscheinungstermine gebunden.
Doch das sind eher die Sonnenseiten.
Wirklich spannend wird es, wenn Sie wissen, dass seine Produkte stets mit den besten der Welt mithalten müssen. Denn die Latte liegt ganz oben. Und dort ist es bekanntlich dünn. Das bedeutet im Klartext: Unter einem surrealen Zeitdruck entstehen Sonderpublikationen, die Top-Magazinen als Mix aus Redaktion und Promotion im Stil der jeweiligen Redaktion beigefügt werden.

Ein Beispiel

Lassen Sie mich ein Beispiel erzählen.
Ein Beispiel, bei dem ich hautnah dabei war.
Walter Feldkircher kam auf die Idee, ein Magazin über die besten Golf-Clubs im gesamten deutschen Sprachraum herauszubringen. Da die FELDKIRCHER GmbH zum damaligen Zeitpunkt Partner praktisch aller großen internationalen Titel im deutschen Sprachraum war – also von COSMOPOLITAN, VOGUE, ELLE, HARPER'S BAZAAR, PENTHOUSE und wie sie alle heißen – wählte er, diese Strecke mit dem legendären Magazin HARPER'S BAZAAR zu machen. |Diese Zeitschrift erscheint heute in 18 Ländern, jedoch nicht mehr in Deutsch.|
Der erste Schritt bestand darin, das mit der Redaktion fix zu vereinbaren.
Inklusive Umfang und Auflage und Liefertermin.
Der Liefertermin war meist halsbrecherisch nah.

Im zweiten Schritt baute Walter eine möglichst tragende Kommunikation zu den Leitern der jeweiligen Clubs auf und begeisterte sie für die Idee, in einem Sonderheft – also in einem Magazin im Magazin, in unserem Fall im Stil von HARPER'S BAZAAR – ihren Golfclub zu präsentieren.
Selbstverständlich gegen Druckkostenbeteiligung.

Im nächsten Schritt mussten die Fotos gemacht werden, mit Models und Spitzenfotografen. Denn es mussten natürlich aktuelle Super-Fotos sein, die dem Niveau des Heftes entsprachen. Und dazu dann noch Grafik und Text, der das Ganze abrundet.
Doch das ist erst die Hälfte der Miete.
Die andere besteht darin, das auch fix und fertig zu produzieren in der Höhe der Auflage von HARPER'S und die Sonder-Magazine so rechtzeitig an den Verlag anzuliefern, dass die Feldkircher-Magazine in das Original-Heft eingebunden werden konnten.

Hätte ich das zu meinem Beruf gemacht, so wäre ich froh gewesen, im Jahr zwei solcher Aktionen auf den Boden zu bringen. Denn was sich hier möglicherweise einfach liest, ist in Wirklichkeit ein Job mit Tausend-und-Einer-Falle. Dahinter steht ein für Laien schwer vorstellbarer Aufwand sowohl an Logistik als auch an organisatorischer Abstimmung und – nicht zu unterschätzen – an menschlichen Befindlichkeiten. Denn einmal fällt dieses Top-Model aus, dann wieder jener Star-Fotograf. Ganz zu schweigen von der Präzision, alle Unterlagen dem richtigen Kunden zuzuordnen und die Druckvorbereitung so zu organisieren, dass Foto und Text auch passen.

Vielleicht glauben Sie mir nicht, wenn ich Ihnen jetzt die Anzahl der Sonderpublikationen der FELDKIRCHER GmbH schreibe – pro Jahr!
Sie spüren mein Zögern, denn es klingt unglaublich. Walter Feldkircher produzierte pro Jahr – und das Jahr für Jahr – etwa 50 solcher Magazine. Dabei machte er mehr als 90 % des Umsatzes selbst. Und das über Jahrzehnte.

Pause

Lassen Sie uns an diesem Punkt einen Moment ausruhen. Gerne beantworte ich die Frage, in welcher Form ich bei diesem Golf-Magazin hautnah dabei war. Walter bot mir die Gelegenheit, die Einstimmungs- und Hintergrund-Texte zu diesem Magazin zu schreiben.
Ich hatte dafür so lange Zeit wie er für den gesamten Rest.

Gedankliche Meilenfeuer

Walter Feldkircher sieht sich selbst als „wenig spirituellen Menschen". „Dazu bin ich", sagt er, „viel zu pragmatisch." Das mag für ihn so stimmen, doch gleichzeitig hat er gelernt – wie beinahe alle Top-Manager – gegenwärtig zu sein. Der Augenblick zählt. Das bringt im Laufe der Jahre eine Verankerung im Jetzt und lässt uns aussteigen aus Grübeleien.
Denn dafür ist einfach keine Zeit.

Walter Feldkircher mit Didi Mateschitz · Red Bull

Dieses Verankert-Sein im Jetzt führt dazu, dass unser Stress-Niveau sinkt. Denn wir tun jeden Moment das, was getan werden muss. Der Augenblick erfordert somit unsere gesamte Aufmerksamkeit und auch unser Können. Für Sorgen und Ängste bleibt kaum zeitlicher Raum. Gleichzeitig kann sich das eine oder andere während langer Fahrten entladen.
Ein Meilenfeuer – das uns also etwas erhellt – ist somit die Verankerung im gegenwärtigen Augenblick. Ruhen wir wirklich in diesem Moment – und manchmal erzwingen das auch die Umstände, denken Sie nur an ein wichtiges Gespräch mit einem Kunden – so entspannen wir uns auch in diesem Moment. Etwas anderes ist gar nicht möglich, weil der Gesprächspartner ja unsere Anspannung bemerkt.

Das führt übergangslos zum nächsten Meilenfeuer:
Ohne Widerstand zu sein und damit im Flow. Das geschieht dann, wenn die Handlungsherausforderung mit unseren Fähigkeiten in einem guten Verhältnis steht. Mit anderen Worten: Wenn das, was zu tun ist in einem gesunden Verhältnis zu unserem Können steht. Dann entsteht Flow – dieser grandiose Moment des Fließens. In solchen Momenten scheinen sich die Dinge wie von alleine zu regeln.
Walter Feldkircher hat gelernt, mit vielen Bällen gleichzeitig zu jonglieren. Für einen Laien mögen drei Bälle gleichzeitig eine gewaltige Herausforderung sein; ein Profi schafft jedoch auch sieben oder noch mehr Bälle. Sind drei Bälle für einen Laien Stress pur – so bringen sieben Bälle unter Umständen einen Profi erst in den Flow.

Drittes Meilenfeuer: Das Zielbild verursacht die Handlung im Jetzt. Walter musste sich die Fähigkeit antrainieren, mehrere Zielbilder gleichzeitig zu sehen.
Er wusste ja genau, wann welches Projekt mit welchem Partner erscheint. Da er innerlich die gesamte Palette sah, konnte er seinen Kunden Mehrfach-Schaltungen zu wesentlich günstigeren Preisen anbieten.
Das ist nur möglich, wenn Sie klare Gedankenbilder von Ihren Projekten haben. Dann können Sie innerlich jonglieren und attraktive Verknüpfungen herstellen. Denn tatsächlich ist es so, dass unsere inneren Bilder unsere Handlungen auslösen.

Die Geschichte

Walter Feldkircher wurde in Egg, im Bregenzer Wald, Vorarlberg, geboren. Sein Vater war Zahnarzt und seine Mutter Hausfrau. Zu seinem Bruder Albert hat er ein gutes, brüderliches Verhältnis. Seine berufliche Karriere

startete er mit einem eigenen Patent auf dem chemischen Sektor |Reinigung/Versiegelung|. Er hat damit gutes Geld verdient und dabei ein Talent von sich entdeckt: Nämlich die Fähigkeit, **durch Synergien einen Mehrfachnutzen zu schaffen und die Vorteile so zu bündeln, dass diese dem anderen** – also dem Kunden – **einen Grund zum Handeln bieten.**
|Diesen Satz sollten Sie nicht überlesen.|

Seine Freude war es, die Prospekte für sein Reinigungspatent selbst zu gestalten. So hat er in den frühen 1980er Jahren seine damalige Firma und das Patent gewinnbringend verkauft und begann, verschiedene Vorteile einzelner Produkte oder Branchen miteinander zu verweben.
Sein erster großer Erfolg waren Schlemmerkarten.
Wie Sie wissen, gibt es von praktisch jeder Region – auch von Orten, Städten oder Tälern – eigene kartographische Werke. Diese Karten haben einen Wert und werden über Buchläden verkauft. Walter kam auf die Idee, in diese Karten Hotels und Gasthöfe aufzunehmen und zusätzlich diese Karten auch in den jeweiligen Hotels zu verkaufen. Dadurch entstand einerseits eine damals unbekannte Produktinnovation und anderseits ein eindeutiger Mehrwert für alle Beteiligten.

Das lief so gut, dass er bald mit allen großen Kartenverlagen zusammenarbeitete und natürlich auch mit den interessantesten und kreativsten Tourismusbetrieben. Zudem entstand ein dichtes Netzwerk in vielen Regionen und Talschaften.
Das führte dazu, dass er ein eigenes Magazin gründete – GASTRO. Dieses verkaufte er zwar bald, doch er lernte unmittelbar und aus eigener Erfahrung das Verlagswesen sozusagen als Beteiligter kennen. Und er verstand und erfuhr, dass es bei den Magazin-Verlagen im Grunde zwei starre Bereiche gab, die wenig miteinander kommunizierten.
Da war einerseits die Redaktion – und anderseits die Anzeigenabteilung. Diese beiden Bereiche schienen in keinem Verlag zu harmonieren. Wie wäre es – so sein Geistesblitz – würde es eine dritte Kraft geben? Eine, die beide Bereiche bedient und dabei doch ihre Eigenständigkeit bewahrt. So entstand das Geschäftsfeld, eigene Promotion-Strecken zu entwickeln und diese als Sonderhefte den großen Lifestyle-Magazinen anzubieten.

„Wenn, dann ganz oben ansetzen."

Dies ist ein Leitgedanke von Walter Feldkircher. Er wusste, wenn er das umsetzt, dann nur mit den besten Partnern. Sie können sich vorstellen, was er erlebte und wie lange es dauerte, bis er in der Chefredaktion von VOGUE

in München einen Termin bekam, um seine innovative Idee zu präsentieren: Ein Sonderheft, eingebunden in die VOGUE.
Ein Mix aus Mode und Tourismus.

Letztlich gelang es und der Rest ist Karriere. In gewissem Sinn hat sich eine neue Form von PR gebildet. Andere Magazine wurden aufmerksam und schließlich kam einer der ganz Großen des Verlagsgeschäfts auf ihn zu: Jürg Marquard. Marquard ist schon zu Lebzeiten eine Legende. Er machte ein Vermögen mit Verlagsinnovationen, holte internationale Magazine nach Deutschland und bildete über Jahre eine Allianz mit Walter Feldkircher. Dieser lieferte nicht nur ständig neue Promotion-Titel, sondern organisierte auch Riesenpartys mit Stars wie Arnold Schwarzenegger oder Schneefeste mit Hansi Hinterseer.
Außerdem Städteportraits mit Prominenten wie Udo Jürgens, Milva, Mario Adorf und vielen anderen. Damit nicht genug: Auch edle Automarken wurden auf ihn aufmerksam und so installierte er eigene Reiseteile exklusiv für die Automagazine von Porsche, BMW, Mercedes und Audi sowie Sonderhefte für das internationale Magazin ELLE.

Wissen, wann genug ist

Als Walter Feldkircher auf die 60 zuging, hat er sein kleines, feines „Imperium" verkauft. Teil des Verkaufsvertrags war ein Konkurrenzverbot. Dieses hat er penibel eingehalten. Doch: „Wer rastet, der rostet". Das mag stimmen oder auch nicht – für Walter Feldkircher stimmt es. Denn er ist ein durch und durch kreativer Umsetzer geblieben. Und er hat seine Erfahrung, seine Beziehungen und auch seine finanziellen Ressourcen gebündelt und:

Ein neues Unternehmen gestartet.

Er arbeitet heute deutlich weniger. Doch er blieb seinem Erfolgskonzept treu.

1. Er hat die Idee
   |In meiner Sprache: Er formt ein Ideenkind|
2. Er setzt die Idee um
   |Er schafft eine Struktur, in die sich die Form entwickeln kann|
3. Er verteilt praktisch alle Aufgaben an Freelancer; also an einen Ring von freien Mitarbeitern.
   |Er sorgt für die richtigen Partner, so, dass ein sozialer Sound entsteht.|
4. Er hat solide strategische Partner
   |Er verbindet Kernkompetenzen und webt diese um seine Idee|
5. Er bleibt der Regisseur im Hintergrund.
   |Er erdet die Idee. Bringt sie auf den Boden.|

„Es waren zwei Geistesblitze", sagt er und lächelt. **„Plötzlich waren diese da und ich wusste: So könnte es gehen. Ja, so könnte es gehen! Möglicherweise …"** Es entstand eine strategische Allianz mit **„fashion tv"** – dem größten Modesender der Welt! Bei „fashion tv" hat die Feldkircher Medienpartner GmbH einen exklusiven Sendebereich namens „Destination". Eigens gedrehte Spots berichten über die trendigsten Orte, über Städte wie Wien oder St. Moritz und bringen zudem Infospots der besten Hotels und Bars vor Ort. Diese Spots werden im Wiener-Partner-Studio produziert, wo sich auch die von Walter gegründete Modelakademie befindet.

Im Print-Bereich entstand im Sommer 2009 ein vollkommen neues Produkt: **„Suite"**. Ein kreatives, etwa 100 Seiten starkes Hochglanzmagazin für wenige, ausgewählte Hotels. Eines pro Destination. Das Einmalige daran: Die ersten acht und die letzten acht Seiten können vollkommen individuell gestaltet werden – mit Themen und Fotos von nur einem Hotel. Der redaktionelle Mittelteil betrifft Lifestyle-Themen, die von einer professionellen Redaktion stammen. So haben Top-Hotels einerseits ihr eigenes Magazin; und zudem gleichzeitig einen gut recherchierten, von Profis gemachten Mittelteil mit internationalen Themen.
Ein Lehrbeispiel für die Kunst, durch Synergien einen Mehrfachnutzen zu schaffen für attraktive win-win-Beziehungen. Und ein grandioses Beispiel für die Kunst der Orchestrierung. Unterschiedliche Partner spielen ein Konzert: **Suite.**

Walter Feldkircher – on stage.

… mit Udo Jürgens …

… und mit Milva.

Feldkircher Medienpartner GmbH
Kirchnerstrasse 6
6111 Volders
Austria

tel +43 5224 51500 oder 51505
fax +43 5224 52 418
office@feldkircher-medienpartner.com
www.feldkircher-medienpartner.com

ulrike stahl teleseminare

Dieser vorteilhafte Kreislauf nährt sich selbst:
Wenn wir unser Herzensanliegen zur Quelle machen, dann ist es nicht so bedeutsam, was genau wir tun. Denn der Unterschied kommt aus dem, wie wir es tun. Nämlich mit einem inneren Feuer, mit Engagement, einer Energie, die rüberkommt, weil sie spürbar ist.
„Aus dem Grund", sagt Ulrike Stahl, „machen wir mit unseren Klienten keine Businesspläne. Diese haben bestimmt ihre Berechtigung. Doch die Menschen, die mit uns arbeiten, wollen etwas anderes."
Ulrike lacht mich offen an. Ich spüre, wie wohl mir ihre Art tut. Sie vereint in sich zwei Wesenszüge, die ich im beruflichen Umgang absolut schätze. Eine davon ist Professionalität. Professionalität hat manchmal etwas Kühles und Glattes. Doch gleichzeitig ist sie so gut wie immer wohltuend, weil das, was getan und erledigt werden muss, effizient, kompetent und reibungslos geschieht. Kommt jedoch zu Professionalität Herzlichkeit hinzu, so fühle ich mich stets aufgehoben. Gesehen. Und mit dem wahrgenommen, was mein aktuelles Anliegen ist. Ulrike vereint beides in einer grandiosen Balance.

Wir trafen einander, um über ihre Firma zu sprechen. **Telefoncoaching. Telefonseminare.** Ein „family business", das Ulrike gemeinsam mit ihrer Schwester Doris aufgebaut hat. Doris lebt in London, machte eine Ausbildung zum „Results-Coach" – die beiden arbeiten schwesterlich zusammen und haben natürlich ein internationales Klientel.

KISS

Der Grundgedanke heißt KISS; keep it short and simple. Das klingt einfach – gleichzeitig liegt darin die erste Tücke.
Denn was ist schon einfach, kurz und simpel?
Ulrike Stahl hat sich unter anderem darauf spezialisiert, in Gesprächen das herauszuarbeiten, was der Kern eines Anliegens ist. Das, was der Einzelne in die Welt bringen will. Ulrike: „Wir arbeiten an dem Thema Selbstmarketing."

Und das bedeutet? „Das bedeutet, zunächst auch zuhören zu können. Denn die Idee selbst ist in der Regel eine Geschichte, hat Vergangenheit, Herkunft, Querverbindungen … und ist eingebettet in ein Konvolut von Chancen, Schwierigkeiten und Hoffnungen."

Medium Telefon

Das Telefon ist dafür ein sehr gutes Medium. Es vereint in sich eine Flotte von Vorteilen. Jeder kann telefonieren. Es ist ortsunabhängig, preiswert und meist jederzeit griffbereit. Und es hat den Vorteil der Konzentration wenn…? Wenn wir Konzentration als das Weglassen von Unwesentlichem verstehen. Beim Telefonieren lassen wir visuelle Reize weg. Dadurch konzentrieren wir uns auf das gesprochene Wort und hören wirklich das, was der andere sagt. Und es kommt noch etwas hinzu: Eine manchmal wohltuende Aura von Anonymität.
Ulrike: „Über das Telefon entsteht leicht eine unterstützende, menschliche Nähe. Da alle Bilder wegfallen, bleibt der Ton der Stimme. Hinzu kommt, dass die Menschen meist in ihrer vertrauten Umgebung sind und auch Zeit haben für das Gespräch, das ja terminlich vereinbart war. So entsteht eine entspannte Atmosphäre und ein Raum, der es erleichtert, tiefer zu gehen, zu fragen und Antworten auszuloten."
Ulrike Stahl – das sei hier wiederholt – unterstützt Menschen, die ihr Anliegen in die Welt bringen möchten. Genauer gesagt: Auf den Markt. Meist sind es kreative, oft auch spirituelle Ideen. Nicht selten war dafür eine lange Ausbildung notwendig oder es hat seine Zeit gebraucht, bis sich eine bestimmte Fähigkeit entwickelte oder ein Talent ausformte.

Hinter welchen Menschen stehen wir?

Auf die Frage nach dem Klientel erzählt Ulrike: „Es sind viele Künstler, Musiker, Maler dabei jedoch auch Frauen und Männer, die eher ungewöhnliche Fähigkeiten entwickelt haben wie Geistiges Heilen oder Hellsehen. Andere wiederum haben sehr spezielle Coaching-Ausbildungen gemacht oder sind in einem alternativ-therapeutischen Bereich versiert und fragen sich jetzt, wie sie damit Geld verdienen können. Aus meiner Sicht ist der größte Vorteil, den wir bieten, dass wir hinter den Menschen stehen. Wir hören genau hin, nehmen die Menschen ernst und fragen nicht, ob das, was den Einzelnen bewegt, in eine Konvention passt oder nicht. Schon allein dadurch sprengen wir den Rahmen. Wir machen das jetzt seit 2004 – und zwar mit Herzblut und in der Zwischenzeit mit einer guten Portion Erfahrung."

Praxis

Unter „erfolgreichepraxis.de" bietet sie dafür einen Kurs über 12 Einheiten an:
Erfolgreicher Praxisstart in 100 Tagen.
Der Vorteil eines Kurses ist, dass sich hier über eine Konferenzschaltung mehrere Teilnehmer hören und einander gegenseitig unterstützen und ermutigen. Ulrike: „Die meisten denken, sie seien allein mit ihren Fragen

oder Problemen. Doch das stimmt nicht. Die Zahl jener, die für sich einen absolut authentischen Ausdruck fanden und nun nach einer Nische suchen nimmt drastisch zu."

Der Massenmarkt ist tot – lang lebe die Vielzahl der Nischen

Der Urzustand des Lebens und damit auch des Handels besteht in der Auswahl. Tatsächlich stellt unsere Internet-Gesellschaft eine schier grenzenlose Vielfalt an Inhalten zur Verfügung. Das Aufregende unserer Zeit ist: Es gibt praktisch für alles einen Markt – und dieser Markt ist über Suchmaschinen und das Netz einen Klick weit nah.

Drei Dinge gilt es dabei besonders zu beachten:

a| Sie müssen einen Inhalt schaffen. Anders gesagt: Content ist gefragt

b| Vernetzung ist angesagt. Daraus folgt:

c| Sie müssen ihre Community aufstöbern. Mehr noch, sich in dieser Szene bewegen, weil sie Teil dieser Szene sind. Szenen haben ihre Codes, ihre Signale, ihre Erkennungszeichen, ihre Sprache. Arbeiten Sie damit, setzen Sie das ein, formen Sie daraus den Inhalt Ihres Angebots und: Lassen Sie sich auch finden von Ihrer Szene.

Damit kommen wir zu einem weiteren, faszinierenden Angebots-Tool:

„teleseminare.net": Bieten Sie Ihr eigenes Teleseminar an.

Ulrike Stahl: „Die meisten Menschen denken, sie müssten eine Community aufbauen und fragen sich daher, wie das geht. Doch das ist die falsche Frage. Communities und Szenen existieren bereits.

Die Fragen müssen daher lauten:

- Welche dieser Szenen ist meine Szene?
- Wie kann ich diese finden und unterstützen?
- Und wie kann ich mich darin als Experte unter Experten positionieren?"

Nun, dafür gibt es natürlich eine Reihe von Möglichkeiten. Eine davon lautet: Bieten Sie ein Teleseminar an. Und wenn Sie sich dabei unterstützen lassen wollen, Sie kennen ja inzwischen Ulrike Stahl.

Aus der Schule geplaudert

Ich habe ein Teleseminar auf Empfehlung von Ulrike gemacht, denn es hat mich überaus gereizt, die Sache hautnah kennen zu lernen. Und ich dachte: Das mache ich mit links. Denn Ulrike schlug zum Kennenlernen vor, ich möge einfach etwa 10 Teilnehmer aus meinen Workshops einladen. Diese stellen Fragen, ich beantworte diese. So einfach – so weit gefehlt.

In einer zweistündigen, sehr konzentrierten Vorbereitungszeit erklärte mir Ulrike spannende Details und zu meiner Überraschung planten wir das Unplanbare minutiös. Wir wussten natürlich nicht, was mich die Teilnehmer fragen werden. Dennoch setzte Ulrike genaue Zeiten für die Fragen und vor allem für meine Antworten ein. Das hielt mich sorgsam davon ab, zu ausufernd zu antworten und zwang mich auf gute Art, sofort auf den Punkt zu kommen. Da bei einem Teleseminar weder Gestik noch Bilder zählen, ist diese Form von Disziplin ausschlaggebend für Spannung, Humor und Abwechslung. Auch die Zeiten zwischen den Fragen wurden vorbereitet, so dass ein überaus kurzweiliges Drehbuch entstand. Kontakt von Mensch zu Mensch entsteht auf der Basis einer wirklich menschlichen Interaktion. Eine Stunde sollte das Ganze dauern. Ulrike moderierte ebenso entspannt wie professionell das Seminar an und mein Erstauen wuchs mit jeder Minute: Alles trat in dem zeitlichen Rahmen ein, den sie vorhersagte. Auch ich bekam immer mehr Spaß, fast auf die Sekunde mit den Antworten fertig zu sein. Als etwa 55 Minuten um waren, übernahm Ulrike sanft und wie selbstverständlich wieder die Führung und wir landeten punktgenau nach 60 Minuten. **Ende. Schnitt.**

Chancen

„teleseminare.net" bietet sowohl eine Ausbildung zum Teleseminar-Leiter an als auch – wie in meinem Beispiel – Organisation, Regie und Drehbuch, Vorbereitung, Aufnahme, Nachbereitung und selbstverständlich auch eine Audio-Datei, die Sie ins Netz stellen können.

Klein bedeutet neuerdings groß

Es ist einfach, mit der professionellen Unterstützung von Ulrike Stahl ein Teleseminar zu veranstalten. Der Aufwand ist relativ klein. Doch die Wirkung ist groß. Denn Sie können Ihre Botschaft leicht ins Netz stellen und damit eine wahrlich große Zuhörerschaft ansprechen. Diese hat Tag und Nacht Zugriff und kann Ihnen lauschen, so lange oder so kurz wie die oder derjenige will. Sie merken nicht, wenn jemand gähnt und Sie ärgern sich nicht, wenn jemand geht. Möglicherweise schlafen Sie – und trotzdem werden Sie gehört. Wenn das keine feine Sache ist, was dann? **„teleseminare.net" – mit Ulrike Stahl.**

Ins Leben gehört

Ulrike: „Der Kern meiner Arbeit ist, Menschen Raum zu geben, ihre inneren Bilder aufzuspüren und neue Pfade im Gehirn anzulegen. Anders gesagt: Blockaden und Hindernisse wegzuräumen." Ich durfte etwas in das Leben von Ulrike Stahl hören. Es ist erstaunlich, wie es zu ihrer Arbeit kam. Sie ist in Bayern geboren, machte ihr Abitur und wurde Kämmerin und geschäftsführende Beamtin mit Haus und unkündbarer Stellung auf Lebenszeit. Alles gut. Kein Drama weit und breit. Sie flog 1999 nach Kuba. Urlaub war angesagt. Doch etwas in ihr wurde dort, in Kuba, aufgewirbelt und entfesselt. Sie konnte und wollte sich dieser sprühenden, tanzenden, allgegenwärtigen, pulsierenden Kreativität nicht entziehen. Ihre Augen beginnen zu strahlen denn: „Mein Thema heißt Lebensfreude. Und ich liebe es zu tanzen. Besonders Salsa."

Sie kündigte ihre unkündbare Stellung und ging 2000 nach Mexiko; und zwar in den Urwald dort. Sie assistierte anfänglich einer deutschen Ärztin, lebte dann in einfachsten Verhältnissen mit den Indigenas, lernte gut spanisch und sehr viel anderes mehr. Wieder zurück in Deutschland, machte sie eine Coaching-Ausbildung und: sprang ins kalte Wasser. Nach einigem Suchen und Ausprobieren fand sie dann ihren Ausdruck.

Salsa…

das Wort selbst ist schon Tanz; eine Bewegung in sich. Nicht nur Salsa und Kuba sind eins – sondern auch Salsa und Ulrike. Sie erzählt mir ein Detail: „Eines der markantesten Elemente im Salsa ist, dass auf jeden 4. Schlag eine kleine Pause fällt. Und genau diese winzige Pause können Europäer kaum halten. Spannend, nicht wahr?"

Ja, denn tatsächlich ist es die Lücke, der gedankenleere Raum, der die Voraussetzung für Intuition und Eingebung schafft. Für jene spontane Kreativität, die es für den Beruf von Ulrike Stahl braucht. Denn sie hat in ihrem Beruf gelernt zu lauschen, auch zwischen die Wörter zu hören – um wirklich kraftvolle Unterstützungen anzubieten. „Im Grunde ist jedes Gespräch wie ein Tanz", sagt sie „und auch Unternehmen und Märkte bewegen sich in ständiger Veränderung. Wie schön, wenn es ein gelungener Tanz ist." Heute macht sie neben ihren Telefonseminaren auch Coachings und begleitet einige ausgewählte Unternehmen. Sehr kraftvoll und mit gutem Schritt.

Jürgen Bleier

Das ist ein guter Punkt, Ihnen auch den Mann an ihrer Seite vorzustellen. Jürgen Bleier. Dieser kommt ebenfalls aus Franken, ist von Beruf Steuerberater mit eigener Kanzlei und hat sich auf Unternehmens-Design spezialisiert. Aus seiner Feder stammt auch das tragfähige Konzept für das internationale Wirken von Ulrike und Doris. Jürgen Bleier beschäftigt sich sehr intensiv mit seinen Mandanten und hat sich darauf ausgerichtet, sehr individuelle und exakt auf die Bedürfnisse und die Lebensausrichtung eines Unternehmers zugeschnittene Modelle zu erarbeiten. Und zwar mit internationalem Blick. Er hat gute Verbindungen in die Schweiz und in die arabischen Emirate. Seine Spezialität ist, Unternehmen jenen Feinschliff zu geben, den diese tatsächlich brauchen. Das geht hin bis zur Visionsfindung und einem zukunftsgerichteten Controlling. Was das heißt? Nun, gemeinsam mit dem Unternehmer werden Ziele erarbeitet und in meist monatliche Teilziele heruntergebrochen. Ein computerunterstütztes Programm hilft, die rechten Maßnahmen zu setzen und kann Situationen auch simulieren. Auf diese Weise ist ersichtlich, welche Maßnahme aller Voraussicht nach zu welchem Ergebnis führen wird. Dabei wird selbstverständlich auch die Liquidität geplant wie die Optimierung der Steuerleistung.

Jürgen Bleier: „Kaum eine Planung wird exakt die Realität im voraus abbilden. Sie hilft aber, frühzeitig zu erkennen, wenn man von einem geplanten Weg abkommt und kann so rechtzeitig reagieren."
Eine mögliche Reaktion könnte sein, sich von Ulrike Stahl coachen zu lassen.
Denn bei vielen Unternehmen ist die Zukunft nur einen Anruf weit entfernt.

Ulrike Stahl
Training & Coaching
Dr.-Blank-Str. 2
97506 Grafenrheinfeld
Deutschland

tel +49 97 23 93 26 31
fax +49 97 23 93 52 83

ulst@ulrikestahl.de
www.ulrikestahl.de
www.teleseminare.net

Steuerkanzlei Bleier
Jürgen Bleier, Steuerberater
Nikolaus-Hofmann-Straße 31
97421 Schweinfurt
Deutschland

fon +49 9721 88066
fax +49 9721 89050

kanzlei.bleier@web.de
www.kanzlei-bleier.de

theresia maria wuttke business-and-spirit

wahre größe leben und geben

„Es gibt eine Ordnung – eine Ordnung des Lebens. Und früh begann ich, mich mit dieser Ordnung zu synchronisieren."

Dieser Satz stammt von Theresia Maria Wuttke. Und ich darf Ihnen erzählen, wie uns die Lebendigkeit dieser Einsicht zueinander brachte.

Es war in Berlin. Etwa 500 Menschen waren im Raum. Ich sprach über die Kunst der Manifestation. In der Pause kam Jwala auf mich zu und sagte: „Du, ich muss Dir unbedingt von einer Frau erzählen. So viele Menschen sind hier. Doch diese Frau hat ein Leuchten, eine Freude. Und sie lacht so von Herzen – immer, wenn es passt. Mein Gefühl ist, du solltest diese Frau treffen."
Nun, das ist leichter gesagt als getan, in einem Raum mit so vielen Menschen. Doch es hat sich vollkommen mühelos gefügt. Wir tauschten die Visitenkarten und ein tiefer, offener Austausch begann.

Anders gesagt: Wir haben einander erkannt und wussten, dass eine gemeinsame Ausrichtung uns verbindet. Ein Ruf, der unser beider Herzen berührt und der sich durch unsere Arbeit zwar unterschiedlich ausdrückt – doch von einem gemeinsamen Feld genährt ist.

business-and-spirit

Theresia Maria Wuttke lebt in Kelze, einem Hugenottendorf in Hessen; etwa 25 km nördlich von Kassel. Sie leitet dort das Centrum für integrale Beratung, Coaching, Aus- und Weiterbildung. Doch ihre Arbeit wirkt in den gesamten deutschen Sprachraum und bildet – gemeinsam mit anderen – das Fundament einer ebenso neuen wie wichtigen und zeitgemäßen Verbindung. **Es ist der Zusammenschluss von Business und Spirit.**

Zahlreiche Unternehmer und Medien reden davon, dass Wirtschaftsunternehmen menschlicher, sozialer und umweltverträglicher arbeiten müssten. Theresia Maria Wuttke trägt nicht nur die zentrale Botschaft in die Welt hinaus, sondern zeigt mit unerschütterlicher Erfolgssicherheit als Unternehmerin, dass und wie es gelingt: Seit über 30 Jahren gibt sie ihre Erfahrungen an Menschen verschiedener Zielgruppen weiter.
Genau hier zeigt sich ihr Mut in aller Konsequenz, dem Weg ihrer Seele ganz bewusst zu folgen, um das in sie gelegte Potenzial voll zu entfalten und zum Wohle des Ganzen einzusetzen. Hier wird ihre Mission deutlich:

Wahre Größe leben und geben

Begeisternd, klar und mit größtem Selbstverständnis verdeutlicht sie das, was für andere kaum greifbar ist: Die Verbindung von sozialem, wirtschaftlichem und ökologischem Erfolg. Als integrale Beraterin verhilft sie Unternehmen, Unternehmern, Führungskräften und Beratern zu Spitzenleistungen – indem diese ihre vollen Potenziale entfalten, Kreativität in exzellente Leistung mündet und eine klare Absicht zu der eindeutigen Ausrichtung des Unternehmens führt, wofür es steht und was es dieser Welt zu geben hat.
Und zwar in dieser Reihenfolge: Business und Spirit. Denn die Unternehmer, mit denen sie arbeitet, sind eben in erster Linie Unternehmer, tragen Verantwortung für ihre MitarbeiterInnen und stehen mit beiden Beinen auf dem Boden. Etwas anderes ist auch gar nicht möglich.
Theresia Maria Wuttke nannte mir viele Beispiele aus ihrer Praxis, die zeigen, mit welch innerer Kraft sich die Unternehmensenergie dreht, wenn sich die Ausrichtung im Unternehmen verlagert. Wenn bei allen MitarbeiterInnen ein Bewusstsein dafür entsteht, wie sich das Leben entwickelt, nämlich von innen nach außen. **Vom Kleinen zum Großen, vom Samen zum Baum.**

Was so einfach klingt – ist „Grund legend“

Und doch braucht es einen klaren Blick und eine gute Hand, damit das auch geschieht. Theresia Maria Wuttke hat eine schier endlose „Schatzkiste“, aus der sie mit hoher Professionalität kraftvolle Unterstützung bieten kann, damit dieser Prozess Wirklichkeit werden kann. Schon in dem Wort Be-Ruf ist ein klarer Hinweis auf den Ruf, dem zu folgen, was in uns hineingelegt worden ist. **Wir alle sind Samen, die sich zu dem entwickeln können, was unser Potenzial ist.**

Die eruptive Kraft des Lebens

Etwas anderes ist nicht möglich. Denn die eruptive Kraft des Lebens will sich ja entfalten; will sich ausdrücken. Doch diese Kraft braucht natürlich eine Bahn, braucht eine Struktur, benötigt eine Form, um sich zu festigen.
Und hier begegnen wir einer weiteren beachtlichen innovativen Leistung von Frau Wuttke. Sie hat in jahrelanger Arbeit eine grandiose Struktur geschaffen. Dadurch vereint sich in ihrer Arbeit das Formlose mit der Form. Der Himmel mit der Erde. Das Individuelle des Einzelnen mit dem Gesamten des Unternehmens. **Alles findet in dieser Ordnung seinen Platz.**

Frau Wuttke richtet sich bewusst nach der Ordnung, die allem Leben inne ist, den fundamentalen Schöpfungsprinzipien. Sie lädt Menschen ein, sich als Teil des Ganzen zu verstehen und bewusst durch gelenkte Absicht, Wort und Handlung, Mitschöpfer einer Zivilisation der Liebe zu sein. Vom Ich zum Du, vom Du zum Wir: Gemeinsam mit anderen Unternehmern und deren Mitarbeitern kreiert sie neue Formen von Zusammenarbeit, die frei von Konkurrenz sind und getragen werden von gegenseitiger Anerkennung, Unterstützung und Liebe.
Wie die Sonnenblume aus ihrem Kern eine prachtvoll leuchtende und starke Blume hervorbringt, so inspiriert sie die Menschen: „Alles ist da. In jedem von uns gibt es diesen Kern, in den bereits das beste Ergebnis gelegt ist. Werde, was Du bist.“
Dazu einen wunderschönen Gedanken von Viktor Frankl: „Wir erfinden unseren Auftrag in unserer Welt nicht, wir entdecken ihn. Er liegt in uns und wartet darauf, verwirklicht zu werden.“

Neben ihrer persönlichen Erfahrung schöpft die Bankkauffrau, Pädagogin, Tiefenpsychologin und Meditationslehrerin aus der Vielfalt ihrer praktischen Berufserfahrung und ihrem umfassenden fachlichen Fundament.
Was wie Magie klingt ist nichts anderes als ein tiefer Blick auf das Werden des Lebens.

Theresia Maria Wuttke: „Lassen Sie uns einen Augenblick bei diesem Gedanken verweilen. Das Wort Identifikation kommt aus dem lat. „identias" und bedeutet: ein und dasselbe; vollkommen gleich. In dem Moment, wo sich unser Ich vollkommen identifiziert mit einer Rolle oder mit den Ereignissen des Lebens, entsteht in unserem Bewusstsein eine Gravur. Diese ist jedoch nicht die Signatur, die eingefaltet als Samen im Wesens-Kern liegt."
Von der Gravur zur Signatur, so ihre Inspiration.

Es entsteht zunächst einmal der empfundene Eindruck, als ob unser Leben von außen, von den Umständen, gesteuert werden würde. Doch sobald wir uns dieser Gravuren bewusst werden und sie in kreativ schöpferische Handlung wandeln, sind wir fähig, dem Leben unsere ureigene Signatur vorzuschlagen und entsprechende Schöpfungen zu kreieren.

Theresia Maria Wuttke sprüht vor Begeisterung und Freude, wenn sie mich wissen lässt: „Es ist an der Zeit, sich dem erfrischenden Geist der Erneuerung im unternehmerischen Denken und Handeln zu widmen und die Zukunft zur Verbündeten zu machen. Ich lade Menschen ein, die ihr Leben im besten Sinn unternehmen, also Lebensunternehmer werden, damit ihre Kräfte des Wirtschaftens mit den Kräften des Lebens Hand in Hand gehen."

Und dann hat sie noch ein Bonbon für mich: „Für mich heisst erfolgreich sein: Meinem inneren Reichtum folgen, das sagt schon das Wort."
Voll pulsierender Freude lässt sie mich wissen: Es ist so einfach, der Einladung von Spirit zu folgen: Your spirit is your coach.

It's simple to be – be simple

Hier sieben Prinzipien des Erfolgs nach denen sie arbeitet und Menschen inspiriert, ihrer inneren Führung zu folgen, um in der äußeren Führung in Übereinstimmung mit dem Schöpferischen Prinzip zu kommen und so zum Mitschöpfer zu werden.

Your spirit is your coach:

1. Vertraue
2. Folge deinem Wesenskern
3. Erschaffe Großes und lebe deine Vision
4. Teile dein Leben, dein Wissen, deine Erfahrungen
5. Was immer du willst, es wird geschehen
6. Erschaffe mit anderen eine Welt der Zugehörigkeit
7. Lebe deine wahre Größe, sie ist wert-voll und Gewinn-bringend

Es ist Frau Wuttkes ausdrücklicher Wunsch, den Unternehmer Ulf Ohlmer zu Wort kommen zu lassen, den sie für seinen Mut und seine klare Entschlossenheit wertschätzt, die neue Weise unternehmerischen Denkens und Handelns mit in die Welt zu tragen. Schon Ghandi hat gesagt: „Sei die Veränderung, die du in der Welt erleben willst".

Ulf Ohlmer:

„Mein Traum ist von jeher, ein Unternehmen zu haben, in dem jeder Mensch mit seinen Fähigkeiten und Talenten am richtigen Platz ist, und selbstverantwortlich – mit Effektivität und Effizienz – seine Aufgaben mit Freude wahrnimmt und durch seine wahre Größe und Fähigkeiten zum Gesamterfolg beiträgt. Mein Traum bleibt aber ein Traum, wenn ich nicht den ersten Schritt zur Verwirklichung mache.

Ein Zitat von Goethe ist zu meinen Leitsatz dafür geworden:

„In dem Augenblick, in dem man sich ganz einer Aufgabe verschreibt, bewegt sich die Vorsehung auch. Alle möglichen Dinge passieren, die sonst nie geschehen, um einem zu helfen. Ein ganzer Strom von Ereignissen wird in Gang gesetzt durch diese Entscheidung und er sorgt zu den eigenen Gunsten für zahlreiche, unvorhergesehene Zufälle, Begegnungen und materielle Hilfen, die sich kein Mensch vorher je so erträumt haben könnte. Was immer du kannst oder dir vorstellst, dass du es kannst, beginne es. Kühnheit trägt Genius, Macht und Magie in sich. Beginne jetzt."
Johann Wolfgang von Goethe

Der Leitgedanke von Frau Wuttkes Arbeit – vom Wesenskern des Menschen zum Unternehmenskern zu kommen – entspricht meiner tiefsten Überzeugung. Der Entwicklungsansatz – von der menschlichen Größe über die Führungsgröße zur Firmengröße zu kommen – verspricht die Nachhaltigkeit, die ich gesucht habe.

Im Herbst 2005 lernte ich das Konzept von Theresia Maria Wuttke durch ihre Arbeit bei befreundeten Unternehmen kennen und beeindruckt haben mich vor allem die sichtbaren Ergebnisse bei den handelnden Personen und die Veränderungen in den Unternehmen. Im Januar 2006 habe ich mich deshalb entschlossen, den Prozess vom Kooperativen zum Vsionären Unternehmen mit Theresia Maria Wuttke zu beginnen.

Besonders wichtig ist mir ihr „**Konzept Multidimensionaler Intelligenz**"; die Arbeit mit dem Hologramm, die langfristig angelegt ist und bei der der Mensch mit seinen Werten im Mittelpunkt steht. Der zentrale Satz des Konzeptes lautet: „Den Kern bewahren, die Weiterentwicklung fördern."

Der Kern des Unternehmens ist seine klar umrissene Unternehmensphilosophie und Mission, die es zu bewahren gilt. Sie wird von menschlichen Grundwerten getragen und geht weit über materiellen Gewinn hinaus.

Unsere Unternehmensphilosophie:
Wir schaffen mit Begeisterung Wachstum- und Entwicklungsräume, in denen die Menschen die Freiheit zur kreativen Selbst-Entfaltung haben.

Unternehmensmission:
Wir setzen uns dafür ein, durch gemeinschaftliches Denken und Handeln im Team mit Freude neue Ideen umzusetzen und unsere Ziele zu erreichen.
Wir begeistern unsere Kunden durch eine gewinnbringende, partnerschaftliche und faire Zusammenarbeit mit einer einzigartigen Dienstleistungsqualität, rund um das Büro.
Das können wir, weil wir in einer Kultur des Vertrauens arbeiten.

Alles andere unterliegt einer ständigen Entwicklung und begonnen wird bei der Arbeit zum „visionären Unternehmen" mit der Entwicklung des Unternehmers und seinen Führungskräften zu wirklich umfassend befähigten Führungskräften. Sie entwickeln Fähigkeiten zur Führung durch soziale, emotionale und spirituelle Kompetenz.
Ich bin davon überzeugt, den Weg zu meinem Traum gefunden zu haben.
Ein Schlüssel dazu ist Vertrauen und Einlassen auf Neues, Unbekanntes.
Vertrauen in die eigene Kraft, in die eigenen Fähigkeiten, Talente und Entwicklungsmöglichkeiten, also meinem inneren Kern, der mir auf diese Welt mitgegeben worden ist. Kraft und Energie schöpfe ich dabei aus der eigenen, persönlichen Veränderung und der Bereitschaft, alte und angelernte Verhaltensmuster in Frage zu stellen. Vertrauen habe ich auch in meine Mitarbeiter, dass diese sich ebenso zielgerichtet auf unsere Philosophie, Mission und Vision hin entwickeln.
Das Wechselspiel zwischen Vertrauen in die Entfaltung des inneren Kerns und intensiver Arbeit an der eigenen Entwicklung lässt im Unternehmen ein neues, bisher unbekanntes Gefühl der Zusammengehörigkeit und der eigenen Größe entstehen, den wir als Unternehmens-Spirit erfahren.
Dies ist gut gemischt mit einer klaren Unternehmens-Strategie, einem zielgerichteten Controlling und einer exzellenten Führung und ergibt das Unternehmen meines Traumes.
Ich bin von Frau Wuttkes klarer und zielorientierten Arbeit mit mir und meinen Mitarbeitern ganz begeistert. Die Entwicklung im Unternehmen kann man mit einer expotentiellen Kurve vergleichen: erst kaum wahrnehmbar,

doch dann verstärken sich die Vielzahl der Entwicklungen gegenseitig.
Es macht mir unglaublich viel Freude, diesen Weg zu gehen.
Wir verstehen uns hier auch als Vorreiter für diese neue Art der Unternehmensführung, in der dem Spirit Platz gegeben wird, um durch wertebasierte Führung und strategischem Management exzellente Dienst-Leistungen zu erzeugen und die Mitarbeiter dadurch Freude und Sinn in der täglichen Arbeit erleben können.
So kann ich heute schon sagen, dass der Weg, den wir gemeinsam mit Frau Wuttke beschritten haben, unumkehrbar ist und einen ernormen Entwicklungsschub ausgelöst hat. Ich freue mich auf die Zukunft und die weitere Entwicklungsarbeit mit Theresia Maria Wuttke."

Ulf Ohlmer, Geschäftsführender Gesellschafter des Unternehmens bueroboss.de/kassebeer. Präsident des Bundesverbandes Bürowirtschaft

„Arbeit ist sichtbar gewordene Liebe."

Diesen Impuls stellen Theresia Maria Wuttke und ich an das Ende dieses Beitrages. Und aus dieser Haltung empfehle ich mit Freude das neue Buch von Theresia Maria Wuttke, das im Herbst 09 erscheint.

WEGE AUS DER MITTE
Mutig der inneren Stimme folgen.

Centrum für Integrale Beratung,
Coaching, Aus-und Weiterbildung
Theresia Maria Wuttke
Ecke Holz 13
34369 Hofgeismar-Kelze
Deutschland

tel +49 56 71 409-342
fax +49 56 71 409-341

info@business-and-spirit.de
www.business-and-spirit.de

das funkeln der augen. das strahlen der seele. yvonne und klaus goulbier

Ein Segen sind diese Räume der Wiederverzauberung.
Wo wir dem Licht begegnen.
Uns berühren lassen vom Kuss der Formen. Der uns den Frieden gibt, einverstanden zu sein mit der Welt. Endlich. Und für immer.

Ja, überall sind diese Räume. In den Bäumen der Alleen, auf Kirchtürmen und in den Bergen, auf Kuppeln von Häusern und auf weiten Brücken, unter denen das Wasser fließt. Leise wellend und unendlich. Immerzu dem Meer entgegen, das nah und so entfernt in Einem ist. Alles bewegt sich und ist doch da.

„Denke beim Erschaffen an die
Dunkelheit und an das Herz“ – ist
der Ruf der Ahnen, der so samten
durch die Zeiten hallt. Wir haben
diese Weisheit vergessen.
Unsere Seele nicht.

Unser Herz auch nicht. Dort,
in der geheimen Kammer, ruht
dieses Strahlen und wartet, von dir
erkannt zu werden. Gehört.
Wach geküsst.
In diesem Moment.

Jetzt

Yvonne und Klaus Goulbier sind Lichtkünstler. Sie arbeiten mit schwarzem Licht. Daraus entstehen Berührungen von entrückter Schönheit und doch so nah, dass wir uns in diesem Zauber verlieren, um neu geboren uns zu finden.

Du bist Sternensaat. Du enthältst den Samen deiner Evolution zum Lichtbewusstsein und die Energie, die dich zur Ganzheit leitet.

Die Kunst von Yvonne und Klaus ist die Resonanz zu dieser Wirklichkeit. Genieße dein Staunen.

Yvonne und Klaus Goulbier
Internationale Lichtkünstler
Lange Str. 10
31867 Lauenau
Deutschland

tel +49 5043 987811

info@goulbier.de
www.goulbier.de

geld-coaching verena und gerald florian

Die Frage an sich mag wie eine Provokation klingen. Oder wie eine weltferne Sicht. Oder – möglicherweise – wie der Klang einer nahen Zukunft. So nah, dass wir die Frage hier und jetzt aufwerfen: „Ist es möglich, Geld und Liebe miteinander zu verbinden"? Noch deutlicher: „Was würde geschehen, würden wir Menschen kollektiv auf Geld in all seinen Facetten durch das Herz der Liebe blicken. Und danach handeln"?

Verena, Gerald und ich stellen uns diesen Fragen und dem Thema „Geld" in einer wundersam märchenhaften Umgebung. In der realisierten Traumwelt des Künstlers Friedensreich Regentag Dunkelbunt Hundertwasser. Wir sind im Rogner Spa in Bad Blumau, Steiermark, Österreich. Unweit von Graz, wo das Institut der beiden ist. Sitzen am Rand einer unvergleichlichen Wasserwelt, einen Latte Macchiato vor uns.

Habe ich schon gesagt, wie bewusst uns ist, in dieser dem Alltag entrückten Welt über Geld sprechen zu dürfen? Gleichzeitig haben wir den Eindruck, es braucht diesen Abstand, um Geld neu zu betrachten. Denn Geld beherrscht nicht nur die Welt, sondern ebenso einen beachtlichen Teil unserer Gedanken, hält uns physisch und psychisch in Atem, lässt uns Kriege führen und: Milliarden von Menschen tun das, was sie tun, um des Geldes Willen.
Über 80 % aller US-Amerikaner haben innerlich gekündigt und:
bleiben doch in ihren Jobs.

„Money makes the world go round".

Dieser Song von R. Kelly ist ein Ohrwurm und seine Botschaft lautet: „Geld regiert die Welt. Es macht die Welt-Runde. Regiert rundum. Mit klirrendem Klang. Holen Sie sich ein wenig. Denn es regiert die Welt: rundum. Money makes the world go round." Ergo gilt es, alles zu tun für den €uro und für den $ollar; oder?

Es ist Herbst 2008. Die Finanzkrise wirft ihre Erschütterungen voraus. Der monetäre Seismograph schlägt aus; wenngleich noch nicht für alle sichtbar. Gleichzeitig ist das der Grund für unser Treffen. Der Florians und mir. Verena hat Geschichte studiert und Gerald Architektur. Die beiden sind seit 1991 ein Paar und haben zwei Kinder. Alle in der Familie nennen sich **„Die Florians."**

Das ist ihre Marke und ich komme in dem Moment in ihr Leben, wo sich die Ausrichtung dieser Marke dramatisch verändert. Gerald hat sich erfolgreich mit Finanzberatung und damit mit Investment, Finanzierungen, Aktien und Anlagen beschäftigt. Das war sein Beruf. Kraftvoll unterstützt von Verena. Und ich schrieb viel über Geld und Bewusstsein, sprach auf Kongressen und kenne spannende Menschen mit – zumindest! – bemerkenswert nonkonformistischen und kreativen Ideen zum Thema Geld. Wir wollen etwas gemeinsam bewegen. Sie mit Geld-Coaching; ich als Autor, der Erfolg und Spirit verbindet.

Zum Einstieg wählen wir einen Satz von **Muhammad Yunus**, dem Nobelpreisträger: „**Armut in der Welt ist künstlich geschaffen; sie ist nicht Teil der menschlichen Zivilisation. Wir können das ändern.**"

So sehr das stimmt und so deutlich ist, dass Geld für sich weder Macht noch Intelligenz hat – weil Geld ein von uns Menschen geschaffenes Produkt ist, und somit nur wir Menschen sowohl die Macht als auch die Intelligenz haben, das Geldsystem zu ändern – so wenig geht es heute darum, über die Veränderung des Geldsystems zu diskutieren.

Unser Fokus liegt auf dem Einzelnen – und damit auch auf uns selbst.

- Wie gehen wir mit Geld um? Anders gefragt: Welchen Bezug haben wir zu Geld?
- Was ist überhaupt Geld?
- Was geschieht, wenn wir Geld und Liebe miteinander verbinden?
- Wie zeigt sich das dann in unserem Leben?
- Zeigt es sich auch im Leben jener, die mit uns sind?

Die letzte Frage haben die Florians zu ihrem Beruf gemacht – zu dem Ruf, dem sie folgen.

Ja, und der Kern ihrer Antworten ist der Kern ihrer Marke geworden.

Sehr spannend. Überaus aufschlussreich. Besser: hilf-reich! Reich an Hilfe. Reich an professioneller Unterstützung.

Wie gehen wir drei mit Geld um?

Achtsam und entspannt. Mit innerem Abstand. Möglichst frei von Identifikationen. Das gelingt natürlich nicht immer. Doch wir sind „Meister, die üben." Die eigene innere Beziehung zu Geld zu klären ist fundamental. Hier aus Verurteilungen auszusteigen ist ebenso wichtig wie – sehr! – herausfordernd.

Was ist Geld?

Ich habe bei meinen Trainings und Workshops Hunderten von Menschen diese Frage gestellt. Wissen Sie was? – fragen Sie tausend Menschen und Sie bekommen tausend Antworten. Alle stimmen und auch wieder nicht. Für mich ist Geld ein Mittel zum Ausgleich von Energie. Für die Florians: „Ein gesetzliches Zahlungsmittel; ein Tauschmittel, ein Wertmesser und eine Recheneinheit; ein Wertaufbewahrungsmittel; ein Wirtschaftsgut und ein Lehrmittel."

Was geschieht, wenn wir Geld und Liebe miteinander verbinden?

Meine Antwort: Florians Geldcoaching.

Wie zeigt sich das in unserem Leben?

Die Florians: „Wir sind so glücklich. Wir haben „Unseres" gefunden. Jeden Tag dürfen wir dieses satte Gefühl von innerer Stimmigkeit fühlen. Es begleitet uns. Lenkt uns. Wir orientieren uns daran. Und das führt sowohl zu Authentizität als auch zu Erfolg."

Die beiden arbeiten sehr reif zusammen. Verena leitet das Büro, orchestriert die MitarbeiterInnen, erstellt praktisch den gesamten Content auf ihren Websites, betreut aktuell drei Blogs, twittert und baut eine „Geld-Akademie" auf. Gerald leitet die Trainings und ist sehr gut gebucht mit Einzelcoachings. Eine Ausbildung zum Geld-Coach wird derzeit im gesamten deutschen Sprachraum angeboten.

„Wir haben die Aussage von Erich Fromm aus 1975 weiter entwickelt. Unser Leitsatz spiegelt den Prozess im Florian-Geldcoaching: **Vom Haben ins Sein zum Selbst. Oder: Vom Außen ins Innen zum eigenen Ausdruck.**"

- Haben: Arbeiten für Geld. Die Motivation ist die Befriedigung materieller Bedürfnisse, was isoliert gesehen auf längere Sicht unbefriedigend ist.
- Sein: Arbeiten um zu leben. Dieser Mensch beginnt, sich selbst in den Mittelpunkt zu stellen. Die Sinn-Frage wird gestellt.
- Selbst: Höchste Form der Selbstverwirklichung. Durch den eigenen authentischen Ausdruck wird eine Resonanz erzeugt – die sich auch in Geld messen lässt. Geld wird als Maßstab der Wertschätzung gesehen.

Wie zeigt sich das im Leben jener, die mit uns sind?
Das ist der beste Moment, um deutlicher und detaillierter einzusteigen in „Florians Geldcoaching." Zunächst: Coaching ist die lösungs- und zielorientierte Begleitung von Menschen; in unserem Fall auf das Thema Geld fokussiert. Es geht darum, sowohl die Selbstreflexion des Einzelnen zu verbessern als auch die Wahrnehmung, das Erleben und das Verhalten in Bezug auf Geld. Wobei das Thema Geld wie eine Linse wirkt.
Im Grunde geht es bei Florians Geld-Coaching darum, das gesamte Milieu der Lebensumstände zu bereichern.

Das Thema Geld ist in unserer Gesellschaft tabuisiert. **„Geld hat man. Über Geld spricht man nicht"** – sitzt tief in unseren kollektiven Knochen. Daher bieten die Florians eine sanfte Annäherung. Das Erstgespräch ist unverbindlich und ohne Honorar. Nur einander kennenlernen greift hier zu kurz. Es wird ein erstes Spektrum abgetastet und besprochen. Problem und Ziel werden definiert. Selbstverständlich wird auch gefühlt, ob die persönliche Chemie stimmt. Im Erstgespräch wird das OB geklärt. OB es zu einem Coaching kommt.

Danach beginnt ein Coaching-Prozess, der die äußere Situation und die Lebensumstände, Prägungen und mentale Muster, emotionale Bindungen und Verletzungen beachtet, neu ausrichtet und das Leben des Klienten klar und strukturiert in Richtung Lösung steuert.
Der gesamte Prozess wird schriftlich dokumentiert, in Teilziele gegliedert, ist einem offenen Werden verpflichtet und gleichzeitig jenem Ziel, das am Beginn fixiert wurde.

Worum es in der Tiefe geht …

Geld spiegelt unseren Selbstwert. Das auf den Einzelnen zu beschränken, greift zu kurz. Das Geldsystem weltweit macht unsere inneren Bilder als Menschheit zu den Themen Unschuld | Schuld; Liebe | Angst sichtbar und zeigt global, wie sehr wir aus der Balance gekommen sind.
20 % der Menschen verbrauchen 80 % aller Ressourcen. Die dreihundert reichsten Familien Deutschlands besitzen mehr als alle anderen deutschen Familien zusammen. Nur 5 % der elefantösen Geldströme, die täglich den Globus umkreisen, sind durch Dienstleistungen oder Waren gedeckt. Der Rest, gigantische 95 %, ist virtuelles Geld, geboren aus Geldgeschäften.
Geld ist an Zins und damit an Kalenderzeit gebunden.
Während die Zeit vergeht, vermehrt sich somit der Zins.
Und damit das Geld.

Da Geld vollkommen von der Natur abgekoppelt wurde, kann sich – theoretisch – das Geld unendlich vermehren. Gleichzeitig müssen die Menschen immer mehr Zeit aufwenden, um den Zins zu bedienen. Zins frisst Zeit – können wir plakativ sagen. In „Florians-Geldcoachings" geht es weniger um solche Hintergründe, wenngleich diese für das Verständnis wichtig sind; daher haben wir diese hier zumindest gestreift. Es geht auch nicht um Verschwörungs- oder Währungstheorien.

Im Coaching-Prozess geht es unter anderem darum:

- den eigenen Selbstwert zu erkennen – und zu verbessern
- die Themen Scham, Schuld und Angst zu bearbeiten und zu lösen
- Muster aus der Kindheit, mit den Eltern, den Ahnen – zu transformieren
- die Beziehung zu Geld zu klären um
- bewusst und verantwortlich den eigenen Geldfluss zu steuern, denn:
- warum haben manche trotz gutem Einkommen kein finanzielles Auskommen?
- Wir „Normalsterbliche" können Geld niemals direkt bekommen. Sie dürfen kein Geld drucken. Geld kommt also immer nur indirekt. Und es gibt nur vier Geldtüren. Diese lauten:

1| Produkte
2| Dienstleistungen
3| Wissen – auch über Beteiligungen, Anlagen u.ä.m.
4| Kreativität

Geld kommt zu Ihnen über 1, 2, 3, 4. Allein diese Information kann Ihre Haltung und Ihre Einstellung sowie Ihr Streben nach Geld fundamental verändern. Denn sobald Sie das durchdrungen haben, fragen Sie nach Ihrem Selbstausdruck, der sich in Produkten, Dienstleistungen usw. zeigt. Gerald Florian unterstützt Sie meisterlich darin, Ihren Selbstausdruck zu formen und die Attraktivität, das Flair, die Freude zu dem, was Sie aus dem Herzen tun und das mit Ihren Fähigkeiten korrespondiert – zu erhöhen.

Das Wunderbare dabei ist: Es geht um Sie. Nicht um ein mentales Konstrukt, sondern um Sie in Ihrer Gesamtheit. Als Mensch. In der Gesellschaft.

Wie erleben Sie diese Haltung?

- Ist das gut?
- Fühlt sich das kraftvoll an; wie eine Chance?
- Spüren Sie darin sowohl Mitgefühl als auch Professionalität?

Die Entwicklungsspirale

Wir befassen uns hier nicht mit Geld- und Währungssystemen. Gleichzeitig gilt es einen Punkt klar im Visier zu behalten: Wir Menschen haben Geld von Natur getrennt. |!| Geld ist eine Schöpfung des Menschen. Es kann sich vermehren, ohne dass die Natur daran mitwirkt. Diese Vermehrung geschieht

Die Entwicklungsspirale

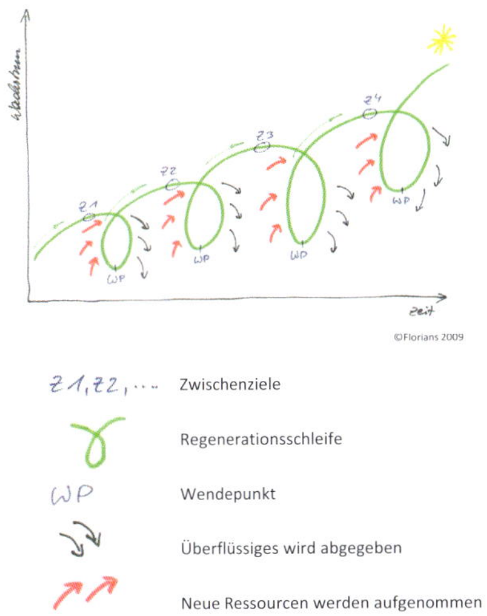

über die Verkettung von Kalenderzeit mit Zins. Nochmals: Die Begrenzungen der Natur sind – nur was die Vermehrung des Geldes betrifft – weggefallen. Da wir mit unserem Geld jedoch u.a. Güter erwerben und Ressourcen nützen, die uns die Natur gibt, stoßen wir derzeit an unsere natürlichen Grenzen.
Alles Geld der Welt bringt uns ausgestorbene Pflanzen- und Tierarten nicht zurück. Der Wert dieser „Güter" ist daher durch ihr natürliches Vorkommen bestimmt und begrenzt.

Auf den Punkt gebracht:
Wir haben einerseits eine unbegrenzte Geldvermehrung – anderseits eine begrenzte Natur. Die Finanzkrise der Gegenwart offenbart diese Problematik – und ist in ihrer Grundlage eine Krise des Bewusstseins. Dieses transformiert sich derzeit weltweit.
Auch aus diesem Hintergrund hat Gerald Florian eine aus meiner Sicht geniale Entwicklungsspirale geschaffen. Diese beachtet die Zyklen des Lebens und die Zyklen der Natur. Wie im Herbst geerntet wird und die Blätter fallen, wie es im Winter zu einer Erholung kommt und im Frühling zu einem neuen Aufbruch – so können auch Sie ihr Leben diesem Rhythmus anpassen. Sie können sich Teilziele setzen |Z1, Z2, Z3 …| und Sie können Wachstumspausen |WP| bewusst einplanen. Damit nähren Sie in Ihrem Leben den Rhythmus des Lebendigen und finden Ihren eigenen Takt.
So einfach – und so kraftvoll und stark.

Ähnliches gilt für
Entwicklungsmöglichkeiten.

Auch dazu eine Grafik der Florians.
Linie 1 zeigt, woran wir uns schon – fast – gewöhnt haben. **An eine exponentiell steigende Kurve.** Das ist für Geld möglich. Nicht jedoch für Bäume. Diese wachsen bekanntlich nicht in den Himmel.
Linie 2 zeigt ein lineares Wachstum.
So malen wir uns das gerne aus.
Linie 3 zeigt ein Wachstum in Zyklen.

Entwicklungsverlauf

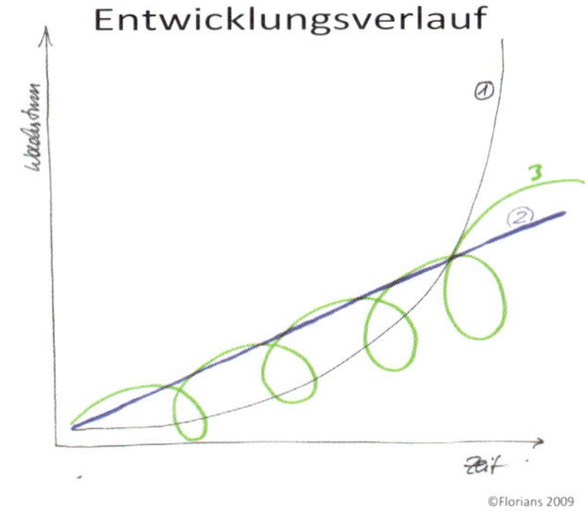

1 Exponentielle Entwicklung
2 Lineare Entwicklung
3 Wachstum nach der Entwicklungsspirale

Zyklen der Zeit

Unsere Spitzenwissenschaftler postulieren längst, dass wir uns Zeit zyklisch vorstellen sollten – nicht linear. **Diese Umwandlung des Zeitverständnisses ist eines der prägendsten und deutlichsten Zeichen des Bewusstseins-Wandels, dessen Zeitzeugen wir alle sind.** Das lineare Verständnis von Zeit ist unhaltbar. Die Quantenphysik hat das eindeutig bewiesen. Zunehmend erleben Menschen in der Synchronisation – also in der Gleichzeitigkeit – ihr höchstes Glück. Es fällt uns zu! Das, was wir brauchen, uns wünschen, uns erträumen – fällt uns zu. Was für ein Zufall!

Sie setzen sich Zwischenziele, planen Wachstumspausen ein oder heißen diese willkommen, wenn sie auftreten. Sie bewegen sich im natürlichen Rhythmus ihres Lebens weiter. Das müssen Sie ja ohnehin tun. Doch: Diesmal tun Sie es bewusst, akzeptieren die Zyklen, sind ohne Widerstand. Wie erfreulich.

Ist es möglich, Geld und Liebe miteinander zu verbinden?

Liebe gibt Raum und Liebe lässt geschehen. Ein liebender Mensch ist in Kontakt mit seinem Herzen, seiner Vision und seinen Talenten. Lauscht. Spürt. Handelt. Folgt seiner inneren Stimmigkeit und damit dem Goldenen Strom, der das Leben belebt. Es ist der Atem der Liebe, der das Leben krönt. Aus meiner Sicht ist der Mensch jener Teil der Natur, der sich seines SELBST bewusst wird.
Verena und Gerald Florian geben dazu einen wertvollen Beitrag.
Einen Beitrag, der einen Unterschied macht. Möglicherweise einen Unterschied in Ihrem Leben.
Wie sagen die beiden? Vom Haben ins Sein zum Selbst.
Im Selbst angekommen.
Zuhause.
Ja.

Mag. Verena und Gerald Florian
Florians Geldcoaching
Hochfeldweg 51
8047 Graz
Austria

tel +43 316 305187-0
fon +43 316 305187-5

verena@florians.eu
www.florians.eu
www.geldcoaching.at

jantschke-steuerberater
unternehmer- und steuerberatung

Er liest Zahlen wie ich ein Buch. Mit einem feinen Unterschied: Er kann auch ein Buch lesen, während mir die Botschaft einer Bilanz verschlossen bleibt. Und so wie mir geht es vielen. Sehr vielen.

Nach einer soliden Umfrage haben mehr als 90 % aller deutschen Unternehmen eklatante Schwachstellen in diesen vier Bereichen:
- Ziele
- Strategie
- Finanzen
- Controlling

Lassen Sie mich kurz erzählen: Ich habe auch eine Firma zu leiten. Und ich träume – einem Schamanen gleich – diese Firma in die Welt. Ich rufe sie ins Leben. Aus dem Herzen.
Denken Sie, das funktioniert?
Ja. Und nein. Beides zeigte mir das Leben.
Das Ja hängt mit dem Nein zusammen. Beide miteinander ergeben die runde Münze. Mehr noch: Aus beidem miteinander ergießt sich ein „Neues Drittes".
Und da ich weiß, dass Tausende und Abertausende von Menschen ähnlich sind wie ich, schlug ich Ralf vor, über ihn und seine ebenso wirkungsvolle wie professionelle und kreative Arbeit zu schreiben.

Fassen wir die Situation zusammen:
Es gibt ein Meer von Menschen, die eine Idee und ein Anliegen haben und die damit auf dem Marktplatz erfolgreich sein möchten. Diese Menschen sind meist in der Lage, ihre Idee zu visualisieren, gedanklich zu formen und auch zu fühlen. Doch dann kommt die große Hürde: **Der physische Raum!**
Manchen will es nicht gelingen, ihren Traum zu erden.

Andere nehmen diese Hürde; und ihr Gedankenkind, ihre Vision, ihr Traum… nimmt Gestalt an. Jetzt muss sich ihre Idee mit der sowohl komplexen als auch komplizierten Matrix unserer Gesellschaft verweben.
Sind Sie noch da? Bitte bleiben Sie am Ball.
Was ich sagen will, ist: Urplötzlich sind Sie in einem Dickicht aus Verordnungen, Steuern, Gesetzen, administrativen Herausforderungen, unternehmerischen Verpflichtungen – die Menschen wie mich in gewissem Sinne in die Knie zwingen. Unsere Visionen werden mehr und mehr Blasen, die sich entweder wieder in Luft auflösen oder aber in Materie erstarren. Plötzlich ist nichts mehr zu spüren von dem einst lichtvollen und möglicherweise meditativen Ansatz.
Das Geschäft wurde „knallhart." Und etwas in Ihnen sagt: „So ist es" – und etwas anderes in Ihnen weiß: „So muss es nicht sein". **Was tun?**

Die Erweiterung:

Was ich hier skizziere, gilt nicht nur für Einzelne, sondern praktisch für den gesamten Mittelstand und darüber hinaus. Wenige schaffen eine durchgängige Synthese. Bei einer Synthese wird aus den unterschiedlichsten Elementen und Verbindungen ein neuer Stoff hergestellt; ein neues Muster gewoben. Es ist die Verbindung aus einer Idee, einer Vision, einem Traum |nicht unbedingt das, wie ich unter „Traum" verstehe| mit Strategie und Taktik, Mission und Zielen, Maßnahmen, Budget, Controlling, Verwaltung, Steuern und dem gesamten Set aus Handlungen plus Vernetzung am Markt. Und all dem Vielen, was es sonst noch braucht: Mitarbeiterführung, Marketing, der soziale Sound am Markt und im Unternehmen, die Beziehung zu uns selbst und unserer Familie, den Partnern, zu Kunden, Lieferanten, Banken, Beratern … Es scheint ein Fass ohne Boden zu sein. Hinzu kommen essentielle Qualitäten wie Menschlichkeit, Liebe, Freude, Freundschaft, Dankbarkeit, Stille. Ohhhh!
Und jetzt kommt es:
Visionäre wie ich brauchen Partner wie Ralf Jantschke. Das meinte ich mit „Ja" und „Nein". Ja, es gelingt, den Traum in die Welt zu rufen. Doch der Traum verglüht ohne Struktur. Er kann sich nicht formen. Die endlosen Abflüsse in das System der Steuern und Abgaben, der Kosten, aus welchen Titeln auch immer – führen in ein monetäres Outback.

Eine Lösung:

Eine Unternehmerberatung mit einer angeschlossenen sehr guten Steuerabteilung! Es mag noch andere geben – das sei offen und deutlich gesagt – doch ich kenne wenige, die eine exzellente Unternehmerberatung, verbunden mit einer internationalen Steuerkompetenz dermaßen profund, menschlich und entspannend professionell miteinander verbinden wie Dipl.-Kfm Ralf Jantschke und sein eingespieltes Team. Ich will auf keinen Fall zu dick auftragen: Doch für mich ist das ein Dreamteam. Die Termine werden eingehalten, der Rückruf kommt, die Sachen werden erledigt und das in einer durchgängigen Freundlichkeit. Bei mir persönlich kommt hinzu: Ich werde verstanden – ohne all das wirklich verstehen zu müssen, was Ralf aus den Zahlen macht, wie er diese ordnet und deutet. Ich vertraue ihm so gerne.

Damit Sie eine Idee bekommen …

Ausgerechnet ich war vor Jahren eingeladen, auf einem Kongress für Steuerberater zu sprechen. Ich weiß noch gut: Ich sprach über mein Kernthema – die Kunst der Manifestation. Und darüber, wie sich Gedanken verlangsamen, wie dadurch Polaritäten entstehen – Plus und Minus – und wie sich aus diesem Spannungsfeld Materie formt. „Gedanken spielen mit Materie und bilden so tiefgreifende Wirklichkeiten" – um mich selbst zu zitieren.

Nach meinem Vortrag beherrschte jene Lücke den Raum, die allen Beteiligten wenig angenehm ist. Zögernd setzte Applaus ein, der keine orkanartige Stärke erreichte. Der Vorsitzende all dieser Steuerberater – was so bestimmt nicht stimmt – schluckte tapfer und sprach ebenso verbindende wie ermutigende Worte. Das Publikum war geteilt. Es gab verhaltene Zustimmung und ebenso verhaltene Ablehnung. Bei diesem Kongress lernte ich Ralf kennen. Und wir beide begriffen: Er muss nicht in aller Tiefe verstehen, was ich seit Jahren erforsche – und ich verstehe sein Gebiet ohnehin nur rudimentär; wenngleich ich im vergangenen Jahrtausend Betriebswirtschaft studierte.
Ich erzähle hier diese Geschichte deshalb, weil sie einen Kernsatz von Herrn Jantschke dokumentiert und mit Leben füllt. Ich zitiere ihn: **„Das System eines Unternehmens zu verstehen ist meine erste Aufgabe.** Dazu gehört: Auch den Unternehmer zu verstehen. Dessen Denk- und Wertewelt."
Diese Einstellung liefert das Fundament für ein Miteinander.
Als Jwala und ich Jahre später eine Firma gründeten, rief ich nach dem ersten halben Jahr Ralf Jantschke an …

Der Dreiklang

- wertschätzen
- wünschen
- handeln

bilden den Grundton der Jantschke-Beratung: „Was war gut? Was ist gut? Wo sind die Stärken? Wie können wir diese deutlicher und konturenreicher darstellen? Werfen wir noch einmal einen Blick auf die Vision, auf die

ursprüngliche Unternehmensidee?" Der Fokus liegt darauf, die Stärken zu stärken. Dadurch bildet sich ein Feld der Wertschätzung – und das in einem Gespräch mit einem Steuerberater, was Ralf ja auch ist. Daraus ergibt sich einerseits eine positive Rückschau – anderseits ein klarer Blick auf die aktuelle Situation. Aus dieser Verbindung erwächst ein gutes Gefühl plus ein mentales Verständnis darüber, was wirklich gut gelaufen ist.
Vor allem, der nächste Punkt erscheint wie von alleine auf der Bildfläche unseres Bewusstseins, nämlich: **wünschen.**
„Was könnte denn besser sein? Wo orten wir Schwachstellen? Wo sehen wir Chancen? Was ist unser unternehmerischer Wunsch für die Reise in die Zukunft? Wo soll es hingehen? Was erscheint realistisch und möglich? Wie weit erlauben wir uns denn zu träumen und zu wünschen?" An diesem Punkt könnte ein Gedanke auftauchen, der sich so formulieren lässt:
„Sei realistisch • Plane ein Wunder".
Der Punkt ist – wo ist der Punkt?
Wo ist es noch realistisch? – Punkt – Ab wann sprechen wir von einem Wunder? Ralf Jantschke und sein Team erfassen Ihre Wünsche metaplanmäßig. Metaplan ist eine Methode zur Steuerung der Kommunikation. Damit lassen sich aus Themen leicht Cluster bilden. Visualisierungen sind möglich. Das Gehirn liebt Farbe! So entsteht einerseits Ordnung – anderseits leicht auch eine Bewertung mit einer Einschätzung. Und wieder ergibt sich – wie bei einer Tonleiter, wo ein Ton aus dem vorherigen hervorgeht – der nächste Punkt: Maßnahmen. Pläne. Handlungen, die zur Umsetzung führen. Auch ein zeitlicher Raster.
Plus Antworten zu wer, was, wann, wo, wieviel, mit wem?
So bilden sich Leuchtfeuer auf dem Weg in eine attraktive Zukunft.

Wieder sehen wir dieses ZusammenWirken, diese Synthese aus Entrepreneurship und Business Administration. Hier der Entrepreneur, der eine Idee hat mit seinem Team – dort ein Experte für Business Administration, der diese Idee versteht.
Mehr noch: Der es als seine vornehmste Aufgabe sieht, Ihre Ideen- und Wertewelt zu erfassen, um darunter ein tragfähiges Management-System zu bauen. Sowohl innovativ als auch kreativ und effizient organisiert.

Der ökonomische Fitness-Check

Ralf Jantschke und sein Team haben ein grandioses Potpourri geschaffen, eine Art Partitur, damit Sie sehen können, welches Lied Ihre Company aktuell spielt. Damit Sie sich wirklich ein Bild machen können, beleuchten wir die Überschriften eines solchen Fitness-Checks. Sie können sich – so Sie das betrifft und interessiert – gleich selbst Ihre Antworten geben. Und falls Sie Unterstützung brauchen, rufen Sie bitte nicht mich an, wählen Sie lieber eine Nummer in Herzogenaurach, im schönen Frankenland.

Wo steht Ihr Unternehmen?

Bei einem Veränderungsprozess sind drei Punkte besonders wichtig. Das ist vergleichbar mit einer Reise über den Atlantik. Sie sollten wissen, wo Sie starten. Sie sollten wissen, wo Sie landen möchten. Und Sie sollten zumindest eine Idee haben, wie Sie dorthin kommen. Und womit. Nehmen Sie ein Flugzeug oder schwimmen Sie?

Für ein Unternehmen – wie für Privatpersonen – ist es …

- daher sehr wichtig, den Standort wirklich umfassend zu kennen
- das Wesentliche vom Unwesentlichen zu trennen
- Stärken zu stärken und Schwächen in Stärken zu verwandeln
- eine Ausrichtung und damit Ziele zu haben.

Der ökonomische Fitness-Check der Kanzlei Jantschke bietet Ihnen eine intelligente Inventur, die eine deutliche Aussage macht über Vision, Mission, Strategie und Taktik; über Ziele und Maßnahmen; über Organisation und MitarbeiterInnen; über Führungsstil und Kundenorientierung; über Kooperationen und strategische Allianzen; über Ihre wichtigsten Partner – incl. Banken und Vater Staat. Wie schaut es mit den Steuern aus? Gibt es hier Optimierungsmöglichkeiten? Wie sehen Ihre Planungen im Detail aus und welche Budget- und Controlling-Instrumente gibt es und welche nützen Sie? Die Jantschke Unternehmer- und Wirtschaftsberatung hat diese und andere Fragen in Pakete aufgeteilt, die zu höchst moderaten Konditionen angeboten werden. Wirklich leistbar.

Fazit:

- „Nicht nur wie der Wind weht, sondern wie wir die Segel setzen, darauf kommt es an."
- „Besser, man kennt die reellen Zahlen seines Unternehmens zeitnah, anstatt am Jahresende überrascht zu werden."
- „Controlling kann zukunftsgerichtet sein. Kontrollieren Sie den Weg zu Ihrem Ziel."

Nicht nur große Firmen, vor allem Klein- und Mittelbetriebe sowie Angestellte nützen diesen Service.
Es lohnt sich – sage ich aus eigener Erfahrung.

Herzogenaurach + eine kreative Idee

Herzogenaurach ist eine Stadt in Mittelfranken, Bayern, mit etwa 25.000 Einwohnern. Bekannt ist diese Stadt hauptsächlich durch drei große Unternehmen: die weltbekannten Sporthersteller Adidas und Puma und die Schaeffler Gruppe mit ihren Kugel- und Wälzlagern. Diese internationalen Unternehmen binden auch Arbeitnehmer aus vielen Ländern, insbesondere aus USA. Jantschke: „Für einen herkömmlichen US-Amerikaner ist ein Leitz-Ordner ein fremdes Wesen von einem anderen Stern."
Das brachte ihn auf die Idee, für Angestellte und Klein-Unternehmer spezielle Ordner zu entwickeln. Diese sind so raffiniert und durchdacht angelegt, dass mit dem Abheften der Belege gleichzeitig eine Grundordnung entsteht. Durch ein einfaches Software-Programm kann mit Leichtigkeit eine übersichtliche Buchhaltung aufgebaut werden. Denn jede und jeder weiß: Geld fließt so, wie wir es steuern. Die Steuerung der Geldflüsse gehört zur ökonomischen Grundausbildung. Machen das viele? Die allerwenigsten! Das ist der Hauptgrund für Insolvenzen und Privatkonkurse. Mit diesen Hilfsmitteln aus der Kanzlei Jantschke gestalten nicht nur viele Amerikaner, sondern auch viele Deutsche ihre Ein- und Ausgaben sehr viel bewusster. **Wie erfreulich.**

Digitale Buchführung

Ein Hit. Und ein realisierter Weg für eine innovative Zusammenarbeit mit einem Steuerberater. Die Belege werden eingescannt und über ein Software-Tool direkt in die Kanzlei Jantschke gespielt. Die Belege werden zugeordnet und Sie bekommen alle gewünschten Auswertungen aus der Finanz- und Lohnbuchhaltung. Ihr großes oder kleines Unternehmen ist online.

Das Faszinierende dabei ist der visionäre Weg:

- Buchführung durch den digitalen Datenfluss.
- Räumliche Entfernung ist dabei kein Kriterium.
- Die Rolle des Steuerberaters verändert sich.
  Die Zusammenarbeit nimmt andere Formen an.

Ralf Jantschke ist ein Netzwerker, der vor allem Netzwerke vernetzt.
Wenn Sie ein paar Minuten Zeit haben, surfen Sie über: jabera.de – und lassen Sie sich anstecken von seiner Leidenschaft, Unternehmen und Menschen, die darin arbeiten, weiter zu bringen.

Wie er es liebt, über das Wasser zu segeln, so ist er der frische Wind, der Menschen wie mir die Scheu vor Steuerberatern wegbläst. Was bleibt, ist ein Mensch, dessen Herz offen ist und dessen Augen klug auf die Strukturen schauen, die unsere Visionen in den Sand des Lebens weben. Und der es versteht, aus dem Buch der Zahlen die Leidenschaft eines Anliegens zu lesen. Servus Ralf, ich danke dir.

Jantschke-Steuerberater
Dipl.-Kfm. Ralf Jantschke
Unternehmer und Steuerberatung
Hauptstr. 45
91074 Herzogenaurach
Deutschland

tel +49 9132 78360
fax +49 9132 783636

kanzlei@jantschke-steuerberater.de
www.jantschke-steuerberater.de

jens fiedler BNI-dresden wer gibt, gewinnt.

Manchmal teilt sich die Reise unseres Lebens in ein Vorher und ein Nachher. So auch bei Jens Fiedler. Gleichzeitig gibt es in seinem Leben nicht nur ein einschneidendes Erlebnis, sondern mehrere. Lassen Sie mich berichten.
Der erste große Bruch im Leben von Jens war der Fall der Mauer. Er wurde in Dresden geboren, am „Weißen Hirsch" – dem, wie er sagt – Beverly Hills von Dresden. Dort lernte er Feingeräteelektroniker und machte das Abitur. Er begann zu studieren … doch dann fiel die Mauer. Der Westen lockte golden! Es war ein Ruf, dem er sich nicht entziehen konnte. Unmöglich. All die Geschichten, all die Möglichkeiten, von denen er so viel hörte und die ihn lockten und zogen – er musste dem folgen. Das war sein Aufbruch. Seine persönliche Spur in das Eldorado einer möglichen Welt. Und damit zeigt sich auch ein grundlegender Wesenszug von Jens: Sein Verlangen, das Beste aus seinem Leben zu machen.

Das wollen wir zwar alle – doch sind wir auch bereit, der Fährte unserer Träume zu folgen? Verlassen wir unsere Komfortzone? Und wenn uns der Weg nicht sofort in das gelobte Land führt, gehen wir dann weiter?
Bleiben wir dem Ton unseres Herzens treu?

Jens wollte den Westen in gewissem Sinn inhalieren und suchte daher nach einem Job, der einerseits mit seinen Fähigkeiten korrespondierte, ihn anderseits nicht zu sehr an ein Büro band. Er wollte ja möglichst viele Erfahrungen sammeln. Bald fand er eine Anstellung bei einem Elektronik-Unternehmen in Schwäbisch Gmünd, im Osten Baden-Württembergs, etwa 50 km von Stuttgart. Er begann als Kundendienst-Monteur und entdeckte dort seine Liebe zum Verkauf. Einer Liebe, der er bis zum heutigen Tag treu geblieben ist – wenngleich sich die Form wieder und immer wieder änderte.

Verkauf heute

Jens Fiedler und ich haben viel Zeit damit verbracht, über das Thema „Verkauf" aus einer neuen Sicht zu sprechen. Für uns ist Verkaufen ein Prozess, bei dem der Kunde, also der Käufer, energetisch gleich beteiligt ist wie der Verkäufer. **Es geht um Balance; nicht um Druck!**

Es geht um Symbiose, um das Erkennen und den Ausgleich von Interessen – nicht um den Vorteil auf Kosten des anderen.
In der Symbiose sehen wir den grundlegenden Wandel. Die griechische Silbe „sym" bedeutet „zusammen" und „bios" heißt Leben.

Symbiotisches Verkaufen

Das bedeutet im Klartext: Symbiotisches Verkaufen verzichtet sowohl auf Manipulation als auch auf Strategie. Denn in einem lebendigen Dialog mit einem anderen Menschen braucht es weder das eine noch das andere.
Was braucht es dann?
Es braucht einen guten Blick auf Gemeinsamkeiten, die sich spontan als Möglichkeit oder als attraktive Zukunft zeigt und die nicht strategisch vorgeplant werden kann. Deshalb kann nur ein innerlich freier Mensch – befreit von Strategie – spontane Symbiosen zulassen; dann, wenn sie ohnehin geschehen.
Dazu wiederum braucht es eine vollkommen andere mentale Fitness, als uns die Eggheads in den strategischen Management-Etagen einreden möchten. Diese denken in Strategien, in Klarheiten und in Regeln. Doch wann ist das Leben schon klar und eindeutig?
Strategen forcieren Power-Selling: Verkaufen auf Teufel-komm-raus.

Win-win-win-Spiele

Ein wirklich grandioser Verkäufer liebt das Unscharfe und auch das Insgeheime. Das, was sich spontan und überraschend zeigen kann. Und noch etwas: **Wer wirklich gut verkaufen will, muss die Menschen lieben.**
Und wer andere Menschen liebt, betrügt diese nicht und zieht sie auch nicht über den Tisch. Verkauf in seiner befreiten Form ist ein win-win-win-Spiel. Alle gewinnen in Fairness.
Gibt es bei dieser Form des symbiotischen Verkaufs einen Punkt, den es besonders zu beachten gilt?
Ja.
Es ist der Punkt, mit dem eigenen Wesenskern und dem des anderen in Kontakt zu sein. Dann spüren wir deutlich, was stimmig ist. Was fair ist. Was sein soll. Aus einer solchen Haltung entwickeln sich ganz von alleine Zukunfts-Perspektiven, es entsteht ein spontanes Band aus Sympathie und:
Glück als Energie ist spürbar!

Es mag paradox klingen – doch so ist es:
Menschlichkeit verkauft besser.
Für Menschlichkeit braucht es keine Strategie!

Werfen wir einen Blick in das Leben von Jens Fiedler:

Jens hat sich mehr und mehr diese befreite Form des Verkaufs angeeignet. Mehr intuitiv als kognitiv. Er hat dazu keinen Kurs besucht. Der Alltag, seine Freude und seine Liebe zu den Menschen brachten ihn dorthin.
Denn wir alle wissen: Ein Gespräch bekommt ein vollkommen anderes Aroma, wenn es von einem Miteinander getragen ist – statt von der Enge einer inneren Zielfixierung.
In diesen Jahren wurde jedenfalls der kommunikative Jens Fiedler geboren, der Mitte der 1990er Jahren wieder in den „Osten" ging. Zurück nach Dresden. Die dortige Niederlassung von Mercedes machte ihm ein gutes Angebot als Verkäufer. Er nahm an und verkaufte in den ersten neun Monaten mehr als 250 Autos. |!| Dann musste er nach Stuttgart, um eine Prüfung als Verkäufer zu machen. Prompt fiel er durch. Daher empfahl Mercedes Stuttgart dem Betrieb in Dresden, Jens nicht mehr zu nehmen. Doch sein Chef in Dresden wusste ja um die sensationellen Verkaufszahlen von Jens und: folgte dieser Empfehlung nicht. Jens blieb noch einige Zeit, machte sich dann selbständig und startete seine Karriere…

Der Flieger von Tsingtau

Wie sehr locken uns die Erzählungen der großen Abenteurer. Die Entdecker ferner Länder, die Seefahrer, die Erstbesteiger der einsamen Achttausender, wilde Expeditionen in den feuchten Dschungel oder gewagte Flüge über unbekanntes Gebiet.
Wenn der Condor den Adler trifft und die indigenen Völker Nord- und Südamerikas zusammen kommen, dann bebt unser Herz und wir halten inne. Etwas in uns liebt den Ruf des Fernen. So war es auch bei Jens Fiedler, als er hörte, dass der Mann seiner Schwester Carola – Kapitän Bernd Buchner – das Schiff des legendären Fliegers Günther Plüschow gefunden hatte und von den Falklandinseln zurück nach Deutschland bringen wollte. Hoch zur See.
Plüschow ist eine Fliegerlegende des Ersten Weltkriegs. Seine Verwegenheit bei der Schlacht um Tsingtau schrieb Kriegsgeschichte. In den späten 1920er Jahren machte er sich auf, um als erster über das jungfräuliche Gebiet der großen Feuerlandinsel, das Kap Hoorn und die Torres del Paine in Patagonien zu fliegen. Für dieses Abenteuer baute Plüschow in einer deutschen Werft in Büsum den Expeditonskutter „Feuerland", mit dem er bis nach Punta Arenas in Chile fuhr. Plüschow schrieb über dieses Abenteuer „Silberkondor über Feuerland"; ein Bestseller, der auch verfilmt wurde.
Plüschow verunglückte bei einer späteren Expedition und die „Feuerland" ward nie mehr gesehen. **Bis sie Bernd Buchner in einem kleinen Hafen auf den Falklandinseln entdeckte.**

Der große Bruch

Wir gehen hier nicht auf Einzelheiten ein. Doch 2006 suchte Buchner eine kleine Crew, die verwegen genug war, mit der legendären „Feuerland", die 6 Knoten |ca. 12 km| die Stunde macht, von den Falklandinseln zurück nach Deutschland zu fahren. Einer davon war Jens Fiedler. 1.800 Seemeilen hielt die 80 Jahre alte „Feuerland" durch, bis nach Buenos Aires. |Ein Containerschiff brachte sie später nach Hamburg, wo sie restauriert wird.|
Die Monate dieser Reise haben Jens Fiedler tief verändert. Wir erzählen die Geschichte deshalb, weil dies offensichtlich ein Muster der Transformation ist:
Es scheint einen Bruch zu brauchen.
Jens: „Es war wie eine Wüstenreise durch das Wasser; ich saß Stunde um Stunde hinter dem Steuer, folgte nachts dem Fixstern. Das, was in mir geschah, kann ich nicht beschreiben. Es entstand ein Raum jenseits des Denkens. Und doch hat sich ein Gedanke tief in mich eingeprägt: ‚Folge den Zeichen'. Fließ einfach mit. Wo immer dich das Leben hinführt, es ist stimmig.
Die Zen-Leute sagen: ‚Der Weg wird dich gehen' – und genau das habe ich auf dieser Reise für mich existentiell erfahren. Eine tiefe Entspannung ins Hier, ins Jetzt."
Und weiter: „Allerdings war mir das während der Fahrt auf dem alten Kutter nicht so bewusst. Es hat sich mir mehr und mehr erschlossen in den Zeiten danach, als ich immer wieder über diese Reise reflektierte und mich auch mit anderen austauschte, wie beispielsweise mit dir, Karl. Ja, plötzlich tauchten Bücher und Menschen auf, deren Sicht meine eigene erweiterte."

Was ihn der Ozean noch lehrte

Es gab während dieser Reise Stunden großer Gefahr. Wilde Stürme. Hohe See. Das alte Schiff wurde da und dort brüchig. Viel Wasser an Bord. Letztlich Abbruch der Reise. Es wurde unverantwortlich, mit dem Kutter weiter zu fahren. Gleichzeitig erkannte Jens: Kein Mensch ist eine Insel. Sich selber getrennt vom Ganzen zu sehen ist eine Illusion. Alle anderen Illusionen gehen aus dieser hervor. Alle Menschen sind Teil eines humanen Kontinents, wir sind keine isolierten Inseln. **Sich daran zu erinnern – das ist die Transformation.**

Eine radikale Veränderung geschieht, wenn wir unsere Isoliertheit in den Ozean existentiellen Verbunden-Seins fallen lassen.
Jens wusste, wir verlieren nichts und gewinnen alles.

Morgens in Berlin

Es hat sich ergeben, dass Jens, wieder in Dresden gelandet, von BNI erfuhr. Ein Freund lud ihn ein, eine Veranstaltung gemeinsam in Berlin zu besuchen. Die beiden fuhren zur schlaftrunkenen Stunde 04:30 h los, um zur unwirtlichen Zeit 6 Uhr 30 in Berlin zu sein. Zu einem Unternehmerfrühstück.
Jens war total verblüfft vom Geist dieser Veranstaltung.
Ca. 40 UnternehmerInnen waren an diesem frühen Morgen da. Und eine und einer nach dem anderen fragte den verblüfften Jens: „Was kann ich für dich tun? Was kann ich für dein Unternehmen tun? Welche Kunden suchst du?“
Das war so einfach. So direkt. So konkret.
Doch was ihn am allermeisten überraschte war: Alle 40 UnternehmerInnen stellten sich nach einander in nur maximal 60 Sekunden pro Redner vor. Sie sprachen über sich, über ihr Unternehmen und darüber, welche Kunden sie suchen. Und praktisch alle hatten einen Slogan, der einerseits als Gedächtnisanker funktionierte, anderseits auch für Lachen sorgte.
Als Beispiel ein Optiker: „Wir machen Ihren Augen Beine.“ Oder ein Weinhändler. „Das Leben ist zu kurz, um schlechten Wein zu trinken.“
Jens sah, wie jeder mindestens zwei Visitenkarten mit allen anderen tauschte. Und er verstand: „Hmm, meine kleine Werbefirma macht doch besonders werbewirksame, kreative, ungewöhnliche Visitenkarten ...“
In gewissem Sinn hat sich Jens an diesem frühen Morgen in Berlin in dieses Geschäft, in die Einfachheit des Systems, in die Struktur... verliebt!

BNI – Business Netzwerk International

BNI ist das größte Business-Netzwerk der Welt. Es wurde 1986 von Dr. Ivan Misner in Kalifornien begründet. Dessen Ansatz ist sehr pragmatisch. Er sagt: „Wir sind keine Netz-Esser, keine Netz-Schwätzer – sondern Netz-Werker. Lasst uns also nicht lange um den Brei herumreden, sondern nennen wir das Kind beim Namen. Was kann ein Unternehmer geben? Was braucht er? Das lässt sich schnell und pointiert sagen. Alles andere ist Beziehung. Diese ist total wichtig. Doch diese entsteht. Diese wächst mit der Zeit. Die Beziehungsebene wird letztlich ausschlaggebend sein für den Erfolg eines BNI-Mitglieds“.
Daraus hat sich die Struktur der BNI-Frühstückstreffen entwickelt. Diese finden in der Zwischenzeit weltweit statt. Jeder sagt, was er geben kann und

was er braucht. Jeder hat die Visitenkarten aller anderen seines „Chapters“ bei sich. Und wenn ein Unternehmer etwas weiß, was einem anderen nützt, empfiehlt er diesen. Gibt dem Empfohlenen natürlich diese Information weiter und hört letztlich, wie es gelaufen ist. Dadurch entsteht aus der Ebene des Handelns ein vielschichtiges Beziehungsgeflecht mit dichten Feedback-Schleifen. Es gibt wenige Regeln. Eine davon lautet: Pro Chapter nur ein Unternehmen aus einer Branche. Weiters: Keine Provisionszahlungen untereinander. Das erhöht die Freiwilligkeit und die Authentizität einer Empfehlung.
BNI hat weltweit etwa 112.000 Mitglieder, die sich auf ca. 5.300 Chapter verteilen. Im Jahre 2008 gab es weltweit nach Auskunft von BNI ca. 5,6 Millionen Empfehlungen, die einen Umsatz von ungefähr 1,8 Milliarden €uro generierten. Deutschland |D|, Österreich |A| und die Schweiz |CH| sind in der BNI-DACH-Organisation zusammengefasst. Vereint unter dem Motto von BNI weltweit: **„Wer gibt – gewinnt.“** Ein starkes, ermutigendes Motto.

BNI-Sachsen

Jens Fiedler hat der Geist von BNI inspiriert. Heute ist Jens Regionaldirektor für BNI in Sachsen und ist zuständig für den regionalen Aufbau. Als ich ihn fragte, mit welchem Gedanken sein Beitrag hier enden könnte, lachte er mich an und sagte: „Mit einer Sign-Karte von Jwala. Lass uns schauen, was ich ziehe. **Das soll dann mein Schluss-Gedanke sein.**“

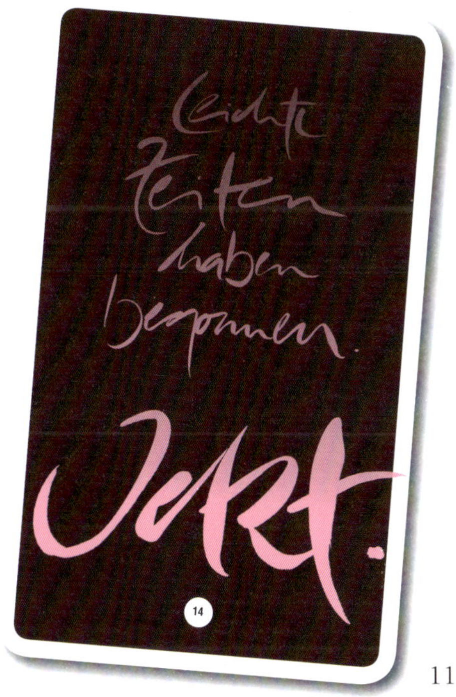

Leichte Zeiten haben begonnen.
Jetzt.

„Von solchen Tagen
hat meine Seele oft geträumt.
Dass sie –
den engen Grenzen trotzend –
sich endlich ganz entfalten kann.

Wenn du erkennst, dass die Hindernisse,
die du im Außen siehst, lediglich die Spiegelungen
der Grenzen in deinem Kopf sind,
dann hast du das Wichtigste verstanden.
Du hörst auf, dir ständig Probleme vorzustellen.
Du veränderst deinen Blickwinkel und du trotzt der Logik.
Und du überlässt deinem Herz die Führung;
machst dich bereit für Wunder.
Jene Wunder, für die du unwiderstehlich anziehend bist."

Text von Jwala Gamper aus dem Buch „Fingerzeige".

BNI - Business Network International
Jens Fiedler
Regionaldirektion Sachsen
Buchenstr.12a
01097 Dresden
Deutschland

tel +49 351 89690213
fax +49 351 89690222

fiedler@bni-dresden.de
www.bni-sachsen.de
www.bni.eu
www.bni.com

ONOXO.de macht dein leben reicher. harry keinath

Es war bei dem Workshop „Wolle, was komme“ zur Kunst der Manifestation, geleitet von Jwala und mir, Karl Gamper. Harry Keinath erzählte etwa 60 Menschen seine Vision, sein inneres Bild. Es war ein starkes Bild. Vor allem, es war ein klares Bild. Sehr plastisch. Alle konnten es spüren und sehen.
Es hatte den Geschmack von etwas Großem.
Vision, hatten wir vorher besprochen, kommt von lat. „visio“ und bedeutet: „Das innere Bild einer Vorstellung zu sehen“. „Visio“ bedeutet allerdings auch: „Halluzination“ also Sinnestäuschung. Wir brauchen daher eine für uns stimmige Vision, die sich freudig anfühlt. Sonst werden wir enttäuscht. Getäuscht. Freude – innere Stimmigkeit – ist wichtiger als das klare Bild. Dieses zeigt sich im Werden. **Es verdichtet sich beim Entstehen.**

Harry Keinath

stellte sich zuerst selbst kurz vor. Harry wurde vor etwa 40 Jahren in Albstadt im Schwabenland, zwischen Stuttgart und dem Bodensee, geboren. Sein erster Beruf war Schornsteinfeger. Mit Meisterprüfung. Doch er spürte: Da gibt es noch etwas anderes. Ihn lockte der Investment-Boom der 1997er Jahre.
So gründete er die Keinath GmbH und führte Tausende Gespräche zum Thema Geld. Doch mit der Zeit wurde ein immer tieferes Lauschen – wie er sagt – in ihm lebendig und der Drang, etwas den Menschen zu geben, etwas zu zeigen, die Menschen ins Handeln zu bringen. Ja, ins Handeln bringen – das war sein Brennen. Hier spürten wir alle seine Leidenschaft. Und es sollte einen Mehrwert haben. Einen klaren, deutlichen, für alle erkennbaren Mehrwert. So, dass sich daraus starke **win-win-win-Beziehungen** entwickeln.
Also Beziehungen, bei denen jeder gewinnt.
Und dann traf Harry einen Punkt, bei dem wir alle innerlich ja sagen mussten. Denn er sagte sinngemäß:
„Jede und jeder einzelne hat etwas, was ihn in gewissem Sinne ausmacht. Etwas, das er total gerne gut. Sei es seine kreative Art, wie er den Tag startet oder sei es ein poetischer Traum, sei es ein eigener Shop oder eine wichtige Einsicht… was auch immer es ist – durch Schreiben verdichtet sich dieses innere Bild. Wenn wir darüber schreiben, so wird es zunächst für uns selbst klarer, sichtbarer. Und dann können wir es natürlich auch anderen zeigen.“

„Mein inneres Bild ist“ – fuhr Harry fort – „eine große, breite, offene, weite Plattform zu schaffen, auf der Menschen ihr Bestes darstellen können. Zunächst im Internet. Eine Plattform, auf der vollkommen klar ist: Das Beste misst sich NICHT mit dem Weltmeister auf diesem Gebiet, sondern mit jedem selbst. Mit dem, was aus dem Moment, aus dem Zeitrahmen, den jemand wählt, sein Bestes ist.

Er oder sie zeigt etwas von sich. Das kann ein Beitrag sein zum Thema Medizin & Gesundheit oder Wirtschaft & Finanzen oder Geist & Seele sein… Es sollen jedenfalls möglichst viele Rubriken abgedeckt sein. Und wir wollen natürlich mit unseren Partnern mitwachsen. Wenn von außen Themen kommen, möchten wir diese aufgreifen und in die Plattform einbinden. So, dass sich eine Community bilden kann aus den Themen, die die Menschen interessieren.

Der erste Punkt

Jeder kann Autor werden. Als solcher kann er sein eBook, seine CD und/oder seine DVD/Video auf die Plattform stellen. Dadurch entstehen Produkte.

Der zweite Punkt

Es sollen auch bereits bestehende Produkte über eigene Shops auf ONOXO gehandelt werden. Der Name ONOXO ist ein Kunstwort; eine Wortschöpfung. So soll die Plattform heißen.

Der dritte Punkt

Zu einem Handel ist natürlich auch Geld nötig.
Den €uro haben wir ja ohnehin. Ich möchte auf der Plattform jedoch eine

zusätzliche Währung schaffen, damit sich die Menschen untereinander noch leichter austauschen können. Dadurch können die Menschen jederzeit wählen zwischen dem €uro als Zahlungsmittel oder dem ONO; so will ich diese interne Verrechnungseinheit nennen. Damit erhöhen sich einfach die Chancen für den Austausch.
Natürlich kann auch gesplittet werden zwischen €uro und **ONO**.

Nun kommt der letzte und besonders wichtige Punkt

Ganz im Sinne eines wirklich gesamthaften Netzwerkes soll es dabei auch um Förderung gehen. Förderung für den anderen. Förderung für sich selbst. Das ist ja der Sinn von Netzwerken. Man schließt sich zusammen, um miteinander die Vorteile eines Netzwerkes zu genießen. Damit eine Art Schwarmintelligenz entsteht. Denn wir alle miteinander wissen und können und vermögen einfach mehr als ein Einzelner.
Nun ist es so: Je ausgeglichener, gerechter, humaner und angemessener das Verhältnis von Geben und Nehmen – in dieser Reihenfolge! – in Netzwerken ist, desto stärker sind die Ergebnisse, die ein Netzwerk erzielt. Daher ist meine Vision, ein dynamisches Modell der gegenseitigen Beteiligung zu schaffen, das all diese Kriterien erfüllt. Das ethisch ist und das auch Geld auf gute Art einbindet.
In einem Satz zusammengefasst:
Diese Plattform soll das Leben jedes Einzelnen reicher machen. Auch in dem Sinne, dass die Geldwunden vieler Menschen heilen dürfen."

Wir alle, die das hörten, waren beeindruckt.

Es fühlte sich stark an. Sehr ausgereift.
Ich zitierte einen Satz von Aja und Dirk Appel: „**Die Größe der Beziehungsebene bestimmt die Größe der Ergebnisse, die Menschen miteinander erreichen.**"
Die Vision von Harry Keinath war, eine attraktive Beziehungsebene anzubieten für erstrebenswerte Ergebnisse. Also eine Plattform zu schaffen, die möglichst viele Beziehungsebenen abdeckt und damit große Ergebnisse für alle Beteiligten erzielt.

Der Rahmen der Zeit.

Ich erzählte Harry Keinath von diesem Buchprojekt und wir vereinbarten, dass ich Ihnen ONOXO vorstelle. Er musste sich also sputen…!
Wir hatten etwa neun Monate, bis zuerst sein und dann, im 12. Monat – mein Baby, dieses Buch – auf den Markt kommen.
Sie sehen: Es gelang. ONOXO ist online. Die Plattform läuft seit Juli 2009.
Sie können einsteigen. Das Spiel beginnt.

Was ist ONOXO?

Onoxo ist eine Börse, eine Internet-Plattform, die jeder und jedem Einzelnen ermöglicht, seine ureigenen Talente auszupacken, um für andere und für sich selbst einen Mehrwert zu erschaffen. www.ONOXO.de

Der ONO.

Der ONO ist – selbstverständlich neben dem €uro – die Verrechnungseinheit auf ONOXO.

Die Geschäftsidee von ONOXO

Diese richtet sich zu Beginn an vier große Interessensfelder

1. An Autoren
2. An Menschen, die über ONOXO ihre Produkte vertreiben möchten
3. An jene, die an einem Zusatzeinkommen interessiert sind und
4. an jene, die einfach nur gerne gut einkaufen.

Selbstverständlich ist ein Mix all dieser vier Felder erwünscht, um die Beziehungsebene zu vertiefen.

ONOXO bietet ein dynamisches Empfehlungsmarketing, das win-win-win-Situationen hervorruft. Alle gewinnen. Durch ein EDV-unterstützes Affiliate-Programm werden Empfehlungen auch monetär belohnt.
Das ist die Geschäftsidee.

Persönliches:

Harry Keinath und ich haben einander während dieser Zeit zwei Mal getroffen. Doch wir mailten einander oder telefonierten ab und an. So konnte ich gut sehen, welche klugen Schritte Harry tat und mit welchem Einsatz – er setzte ja alles auf eine Karte – auch seine privaten Ersparnisse – er das Projekt auf den Boden brachte.
Praktisch wurden alle Ideen seiner ursprünglichen Vision realisiert.

Dies ist meine Interpretation des Werdens von ONOXO.

Es war deutlich zu sehen, dass Harry als erstes sich ein inneres Bild – eine Vision – erschuf. Als dieses innere Bild ihm selbst klarer wurde, begann er, darüber zu sprechen. Und machte sich Aufzeichnungen. Dadurch formte sich sein Gedankenkind.
Gleichzeitig war dieses Sprechen darüber auch ein sehr mutiger Schritt. Denn dadurch wurden natürlich auch alle Zweifler eingeladen und Harry konnte sich selbst mit seinem inneren Zweifel auseinandersetzen.

Er musste wieder und immer wieder für sich reflektieren:

- Stimmt die Vision noch für mich?
- Was muss und will ich korrigieren?
- Was und wer unterstützt mich – was und wer schwächt mich?
- Was will ich wirklich, wirklich, wirklich?
- Woher bekomme ich die Mittel, die Ressourcen, die Partner?

Im zweiten Schritt schuf Harry Keinath mit großem Geschick und Kreativität eine Struktur. Eine Struktur, in die sich die Form hinein entwickeln konnte.

- Was genau soll zum Start der Plattform auf ONOXO stehen?
- Welche Grafik, welche Bilder? Welche Texte?
- Wie kann die Bedienung so User-freundlich wie irgend möglich sein?
- Wie kann ich den Mehrwert für alle so deutlich wie möglich abbilden?
- Wie starte ich den Prozess?
- Was könnte sich unterwegs zeigen? Und: was zeigt sich tatsächlich?

Im dritten Schritt suchte er Partner für die Umsetzung. Und sorgte im Vorfeld auch für die finanziellen Ressourcen, in dem er seine persönlichen Rücklagen investierte. Auch da sehen wir wieder das gleiche Bild:
a| das der inneren Vision
b| das, was der Prozess uns lehrt. Was sich unterwegs zeigt. Was sind die Geschenke? Was die Hindernisse auf dem Weg?
Dadurch wird uns immer wieder die Multidimensionalität unseres Lebens bewusst. Harry handelte so, dass sich das visionäre Bild zeigen konnte und zwar Schritt für Schritt.

Damit sind wir beim **vierten Schritt** angelangt: Der Erdung. In diesem Stadium zeigen sich all die synchronen Möglichkeiten und Menschen, die wir brauchen, um unsere Vision zu manifestieren. Doch es lag an Harry Keinath, die Energie zu halten, sie in die Manifestation hinein zu fokussieren und Schritt für Schritt durch Handlungen auf den Boden zu bringen.
Mit seinen Partnern.

Eine ONOXO-Sicht auf Wirtschaft

Was würde geschehen, wenn wir Wirtschaft so einfach wie irgend möglich darstellen?
Worauf würde sich „Wirtschaft“ dann reduzieren?
Was würde bleiben?
Es würde „Austausch“ bleiben.

Ein Austausch von Produkten und von all dem, was einer einem anderen geben möchte im Sinne einer Dienstleistung; oder von Wissen; oder von Kreativität. Und dieser Austausch würde schöner, tiefer, runder, störungsfreier – wenn die Menschen, die etwas miteinander austauschen, einander auch mögen.
Und mit höchster Wahrscheinlichkeit würde dieses Band aus Geben und Nehmen noch tragender, noch schwingender, beschwingter, fröhlicher – wenn diese Menschen ähnliche Werte pflegen und wenn sich daraus auch Beteiligungen ergeben würden.
An diesem Punkt kommt nun Geld ins Spiel. Und zwar in einer höchst intelligenten und auch angenehmen Form. Denn unser Leben und damit auch unsere Wirtschaft sind viel zu komplex, als dass wir uns auf einen Austausch jenseits von Geld einlassen könnten. Warum auch? Dazu besteht überhaupt keine Notwendigkeit. Gleichzeitig läuft etwas grundlegend falsch beim Thema Geld.

1| Woran liegt das?
2| Woran krankt es?
3| Was könnten wir tun?

Eine von vielen Antworten.

Die Antwort, die wir hier anbieten, ist weder die einzige noch erhebt sie den Anspruch auf Allgemeingültigkeit. Es krankt unter anderem daran, dass sich die Menschen zu sehr auf Geld fokussieren und wir zudem aus Geld weniger ein Tauschmittel gemacht haben, sondern in erster Linie eine Ware. Von allen Geldströmen, die derzeit weltweit um den Globus kreisen, stammen nur etwa 5 % aus realen Geschäften. Also aus einem Austausch von Produkten oder Dienstleistungen, den wir Realwirtschaft nennen. 95 % stammen aus Geldgeschäften. Somit aus dem Handel mit Geld durch Fonds, mit Kursen; mit Aktien, Anleihen; Optionen, Termingeschäften u.v.ä.m.
Unsere kollektive Aufmerksamkeit ist fixiert auf Geld.

Damit wir uns leichter tun, uns auf UNS zu beziehen, auf das, was unser Herz lachen lässt und unsere Sinne jauchzen, schuf Harry für ONOXO eine eigene Verrechnungseinheit. Den ONO. Das gibt dem Ganzen auch den Raum von Spiel. Und damit natürlich von Leichtigkeit und Freude.
Mit einem ONO kann niemand spekulieren. Er ist keine Ware. Sondern ein stabiles Maß wie 1 Meter oder 1 Liter. Ein ONO lässt sich auch leichter verschenken oder tauschen. Und an einem ONO ist weder ein Politiker noch ein Währungsspekulant wirklich interessiert. Daraus könnten sich große Möglichkeiten und Freiräume ergeben.
Quibono.ONOXO.de

Warum jetzt plötzlich das Wort „Quibono“ vor ONOXO?
Weil jeder Einzelne, der als ONOXO-Partner mitmacht und das Geschäftsmodell für sich nutzen möchte, eine eigene ID bekommt. Für die Leser dieses Buches entschieden wir uns für Quibono. Der Erlös, der daraus erwirtschaftet wird, unterstützt den Geist einer Neuen Wirtschaft.
Harry: „Wenn du also Mitglied werden willst bei ONOXO, um deine eigene ID zu bekommen, und du das im Geist einer Neuen Wirtschaft tun willst, dann schreib das Wort „Quibono“ vor ONOXO.
Quibono heißt wörtlich: „Wem nützt es?“ Wem nützt ein Neuer Geist in der Wirtschaft? Antwort: Allen Beteiligten. Auch der Natur.

Denn gemeinsame Möglichkeiten vereinen sich am besten bei Freunden.
Bei Menschen, die das mögen, was du auch magst. Bei Liebhabern.
Wenn du das auch so siehst und wenn du das magst, dann beteilige dich.
Und wenn du den Geist einer Neuen Wirtschaft unterstützen möchtest, dann: Quibono.ONOXO.de.
Grazie.“

onoxo
Harry Keinath
Sigmaringer Straße 24
72501 Gammertingen
Deutschland

tel +49 7574 930630
fax +49 7574 930655
office@onoxo.de
quibono.onoxo.de

sterndruck
jörg höllwarth

Am liebsten möchte ich so beginnen: „Es gibt sie noch, die guten Dinge." Und ich meine damit eine vitale Geschäftsfreundschaft, die mehr als 25 Jahre auf dem Buckel hat. Ja, und die frisch ist und strahlt wie die Sterne, die Jörg und seine Sterndrucker ihren Kunden in allen nur denkbaren Variationen auf Papier und Kartonagen drucken in Form von deren Wünschen.

Ich habe vorhin bewusst den Ausdruck „Geschäftsfreundschaft" gewählt. Denn obwohl Jörg und ich einander schätzen und auch so manches Glas Wein miteinander getrunken haben, ist unsere Verbindung doch in erster Linie geprägt von unserem beruflichen Ausdruck. Sterndruck hat im vergangenen Viertel Jahrhundert alle unsere kleinen und großen Duck-Projekte realisiert; mit ganz wenigen Ausnahmen.

Als ich Jörg kennenlernte, konnte ich es kaum glauben. Damals lebte ich in Innsbruck, der Landeshauptstadt von Tirol, und eine Grafikerin empfahl mir wärmstens den Sterndruck. In Fügen. Im Zillertal. „Diese sind sensationell verlässlich", sagte sie. „Und sagenhaft schnell." Ich weiß es noch wie heute: Für einen meiner Kunden sollte eine Sache fertig gedruckt werden. „Gestern" – wie wir in Tirol sagen für „sofort und auf der Stelle". Also rief ich bei Sterndruck an, fuhr gegen Abend nach Fügen und suchte den Sterndruck. Doch die angegebene Adresse führte mich in eine Wohnsiedlung zu einem Einfamilienhaus mit einem kleinen Garten. Nach einigem Suchen fand ich die Druckerei. Es war ein Kellerraum – in diesem Einfamilienhaus.
Sterndruck – damals nur Jörg und zwei Gehilfen – realisierte das Projekt in nur einem Tag. Und zwar in einer absoluten Lässigkeit. Kein Murren; kein „Sie hatten doch den Termin schon vor drei Wochen gewusst" – nichts von all dem. **Das hat mich schon beeindruckt.**

Die erste Welt der Sterndrucker

So fuhr ich wieder und immer wieder nach Fügen. Und ich lernte Jörg Höllwarth als einen Meister der subversiven Bauweise kennen. Es ist kaum zu fassen. Doch so war es wirklich.
Die Druckerei wurde größer und größer und stellen Sie sich vor: Sie hat sich auf diesem winzigen Grundstück, auf dem das Wohnhaus der Familie Höllwarth steht, mit der Fitness eines Maulwurfs ausgebreitet.

Jörg baute unterirdische Räume und Kammern und irgendwann platzte einfach alles aus den Nähten. Es war ein Gewusel und so eng – die heutigen Gesetzeshüter würden die Hände über den Köpfen zusammen schlagen. Für mich als Kunde war es jedes Mal der totale Fun, dort zu sein.

An dieser Stelle könnte ich vornehm sagen: Jörg ist Technik affin. Das lässt sich natürlich auch ganz anders formulieren: Jörg hat ein absolutes Faible für drucktechnische Möglichkeiten von morgen. Mit visionärem Blick auf übermorgen. Durch seine wundersame katakombenartige Raumvermehrung fand sich immer irgendwo noch ein Platz für ein Gerät, das dieses oder jenes noch schneller fertig stellen ließ.
Ich fuhr gerne zum Sterndruck, denn die Situation erschien mir wie eine akrobatische Meisterleistung der Raumoptimierung. Und immer war ein Lachen dort. Immer. Doch das für mich Unfassbarste war: Die Burschen fanden auf geheimnisvolle, mir unerklärliche Art stets die richtigen Druckunterlagen. Können Sie verstehen, dass mich dieser Zaubergarten aus Gutenbergs Träumen faszinierte?
Und oben, im 1. Stock, saß Edeltraud Höllwarth und machte die Buchhaltung. Alle Zahlungen. Die Lohnverrechnung. Einfach alles. Sollte ich noch etwas erwähnen?
Ja, die beiden haben auch drei Kinder. Michael, Jörgl und Marion.
Alle drei wuchsen in den Betrieb hinein. Marion und Michael sind heute die leuchtenden Sterndrucker der nächsten Generation.
Jörgl ist Musiklehrer geworden.

Zurück zum Ursprung: Das Grundstück mit dem Einfamilienhaus hatte etwas mehr als 500 m^2. Die unterirdische Druckerei hatte zum Schluss etwas mehr als 400 m^2. Schließlich mietete Jörg noch die Scheune eines Nachbarn hinzu, um dort die erste wirklich große Druckmaschine aufzustellen. Das ging dann auch noch ein/zwei Jahre gut: Doch dann war Finale.

Die zweite Welt der Sterndrucker

Damit Sie wirklich nachvollziehen können, wie eng es dort war, erzähle ich Ihnen vom Neubau. Dieser wurde irreversibel notwenig. Also bauten die Sterndrucker und zogen um. Von 400 m^2 auf 5.000 m^2. Das war 1997. Als ich erstmals die neuen Räume betrat hatte ich das Gefühl: Ja – alles hat jetzt gut Platz. Doch ich hatte keinesfalls den Eindruck von leeren Hallen.

Jörg Höllwarth stieg mit einem erstaunlich vorausschauenden Blick schon um 1990 in die 1. Generation des digitalen Drucks ein.

Und er ist bis zum heutigen Tag ein Pionier geblieben, der stets ganz weit vorne mit dabei ist. Ein Vorreiter. **Das machte Sterndruck zur heute modernsten Druckerei Westösterreichs.**

Als ich begann, diesen Beitrag zusammenzuspielen, setzten wir uns im Garten bei uns zusammen. Ich fragte: „Sag, Jörg, hast du dich jemals mit Strategien beschäftigt oder mit Personalentwicklung oder habt ihr so etwas wie Trend-Monitoring bei euch im Betrieb?" Jörg schaute mich in seiner unnachahmlichen Art an und sagte: „Nie. Doch ich hab mir angewöhnt, mit den Augen der Generation nach unseren Kindern zu schauen. Also mit den Augen der Enkel."

Diese Antwort ist typisch für Jörg. Während all dieser Jahrzehnte des Zusammenwirkens war Sterndruck auf so gute Art vorne, dass ich regelrecht hingerissen war und bin. Wie oft stand ich staunend vor einem dieser Wunderdinger, die Jörg für sein Unternehmen kaufte. Und nie hatte ich das Gefühl, die Anschaffung kommt aus einem kopflastig analytischen Entscheidungs-Szenario – sondern aus einem Gespür für das, was der Markt als nächstes brauchen wird.
Durch das Beispiel mit den Augen der Kinder unserer Kinder lehrte mich Jörg, wie wir **Langfristigkeit** auf eine überaus menschliche Art in unsere Perspektive integrieren können.

FamilienUnternehmen

Jörg ist ein Familienmensch. Durch und durch. Und das Schöne ist, auch seine MitarbeiterInnen und ein paar seiner Kunden – behaupte ich jetzt einfach – zählen ebenfalls zu seiner Familie. Aus diesem Wissen geht die Frage nach „Personalentwicklung" am Kern der Unternehmensführung vorbei. In einer gesunden Familie kümmert sich ganz natürlich einer um den anderen, herrscht ein vertrauter, einander fördernder Ton, ist Lachen ebenso eine Selbstverständlichkeit wie Mitgefühl und tatkräftige Hilfe, wenn Not am Mann ist. Diese Normalität eines gesunden Mensch-Seins ist der prägende Ton bei Sterndruck.
Kann ich Ihnen vermitteln, wie weit es am Eigentlichen vorbeiginge, würde ich dazu schreiben: „Menschlichkeit ist ein strategischer Erfolgstreiber bei Sterndruck". Denn das trifft das Wesentliche nicht.
Im Gegenteil: Es würde in die Irre führen.
Mein Gefühl als Autor ist – dies ist eine wichtige Botschaft für unsere Leser:
Menschlichkeit lebt man einfach. Fertig!

Da ich über Jahrzehnte in einem Dauerkontakt mit Sterndruck bin, könnte ich Ihnen bis an das Ende dieses Buches Geschichten erzählen, die den Geist eines gesunden Miteinanders in einer Firma belegen. Ein Untenehmen ist keine Familie im engen Sinn – sondern eine zweckorientierte Gemeinschaft, die vielfältige Herausforderungen zu meistern hat. Und in einer Firma müssen einfach andere Regeln gelten als in einer Familie. Daher ist es so wichtig, in sich selbst diese Unterscheidung wach zu halten. Nur so können Grenzen bewahrt werden, die uns allen gut tun. Und nur so kann das Spiel auch gut gewonnen werden.

Der Alptraum …

wohl jeder Druckerei ist ein Brand. Wir haben zwar nie darüber gesprochen, doch wenn, dann wäre ein Brand in der ursprünglichen Betriebsstätte wahrscheinlicher gewesen. So war es nicht. Im März 2006 sorgte ein Schmorbrand für einen technischen Totalschaden. Die gesamte Firma stand. Die Situation war mehr als unsicher und der Familie Höllwarth blieb keine andere Möglichkeit, als allen MitarbeiterInnen eine Freistellung anzubieten. Jörg ist heute noch berührt, wenn er sagt: „Stell dir vor, kein einziger hat davon Gebrauch gemacht. Alle sind geblieben. Ausnahmslos."

Ich habe es selbst gesehen und miterlebt, wie die Sterndrucker Tag und Nacht zusammengehalten haben und in nur acht Wochen praktisch alle Geräte neu gekauft, die äußerst leistungsfähige EDV-Anlage und die hochkomplexen Druck- und Falz- und Schneidegeräte, die Plotter… mit einem Wort: Den Park an Maschinen, deren Namen ich mir unmöglich merken kann – erneuerten und mit ebenso altem wie neuem Elan als Sterndrucker heller denn je strahlen.

Edeltraud Höllwarth: „Die Kraft von uns allein hätte bei diesem Schaden nicht ausgereicht. Doch die Versicherungsagentur Wetscher hier in Fügen hat in einem beispiellosen Einsatz die Deckungssumme realisiert. Und das wiederum wäre nicht möglich gewesen ohne die unbürokratische Unterstützung der Geschäftleitung der Uniqa-Versicherung. Mir ist es wichtig, hier in gewissem Sinne öffentlich nochmals allen zu danken."

Dieser Brand war einerseits ein tiefer Einschnitt, anderseits wurden aus dem Betrieb und aus persönlichen Mitteln der Familie – im Verbund mit heimischen Banken – der ohnehin top-moderne Betrieb der Sterndrucker nochmals auf den allerneuesten Stand gebracht.

Book-on-Demand

Jetzt lesen Sie den hauptsächlichen Grund, weshalb ich die Sterndrucker einlud, bei diesem Buch-Projekt teilzunehmen. Ich schildere ihnen einen konkreten Fall…

Der Traum eines Bekannten war – selbst ein Buch herauszubringen. Es handelt sich um Gedichte und Kurzgeschichten. Diese wollte er sich selbst und den Seinen zum 50er schenken. Auflage: 50 Stück.

So einfach war die Lösung:

Herbert, so heißt das Geburtstagskind, mailte einfach den gesamten Text an book@sterndruck.at. Nach einem kurzen Telefonat waren die Größe des Buches und alle Details klar. In der Druckvorstufe wurde der Titel grafisch gestaltet, ebenso das Layout. Herbert bekam sein Buch als PDF zur Ansicht – gab das „gut zum Druck" und die Daten wurden direkt auf eine der digitalen Druckanlagen bei Sterndruck eingespielt. In einem einzigen Arbeitsvorgang wurden von nur einer Druckanlage sämtliche Seiten gedruckt, über ein Förderband zusammengetragen, gebunden und am Ende lagen 50 Exemplare schön säuberlich geordnet auf dem Tisch. All das in Windeseile.

„Die Sterne des Merlin"
Book-on-Demand by Sterndruck

Ein Freund von mir schrieb „Die Sterne … Fünf Unterweisungen, um Harmonie und Wohlstand zu mehren und Angst und Mangel aus dem Leben zu bannen." Ein bibliophiles Elixier, das ich oft und oft gelesen habe. Immer wieder. Ich kann es bis zum heutigen Tag nicht wirklich verstehen, und doch lockt und ruft und wandelt mich sein lichtvoller Zauber. Ja, es ist Magie von der feinsten Art, die die Schwingung des Wohlstands nährt und die Chemie des Geistes transformiert. Merlin, Meisterlehrer von Artus, erdet mit diesem Buch ein geistiges Camelot im HierJetzt.

Sie bekommen dieses Buch über merlin@sterndruck.at. Und Sie erleben: Kein Unterschied zu einem im herkömmlichen Druckverfahren produzierten Werk, das sich erst bei hohen Auflagen rechnet. Eine wunderbare Chance, ein Buch ohne Verlag und kostengünstig auf den Markt zu bringen.

Und doch mit ISBN.

Noch ein Wort: Das Buch „Die Sterne …" hat wenige Seiten. Deshalb sprach ich von einem Elixier. „Merlin" geht es nicht um Worte, sondern um Klänge, um Frequenzen.

Ein Angebot an Sie, die Leserin, den Leser

Manchmal genügt eine kleine Broschüre oder ein Buch – gerne mit bunten Fotos und/oder Grafiken – um ein großes Projekt auf den Boden zu bringen. Über „Book-on-Demand" bei Sterndruck geht das blitzschnell und kostengünstig.
Ich bat Marion und Michael, die in dieser Abteilung arbeiten, um ein paar Beispiele. Es wurde eine lange Aufzählung, die ich hier kürze und zusammenfasse:

- Dissertationen und Diplomarbeiten. Gebunden wirken diese einfach professioneller.
- Projekt-Beschreibungen von Unternehmen oder Organisationen oder von Einzelnen.
- Immer mehr Bilanz-Berichte werden journalistisch und damit leichter lesbar aufbereitet.
- Manuskripte für Bücher, die zur Präsentation an Verlage, an die Presse, an Agenturen und andere mögliche Partner im Vorfeld gesandt werden
- Unvergessliche Geschenke zu Jubiläen aller Art. Auch von Orten, Städten, Gebieten.
- Foto-Bücher. Gedicht-Bände. Essays. Romane. Fachbücher. Familien-Saga.
- Oder einfach die Sicht der Eltern auf die Jungenjahre der Kinder …
- … und Geschichten, die das Leben schrieb.

In jüngster Zeit nimmt auch ein Medien-Mix zu. Die CD zum Buch.
Oder eine DVD.
So viele Menschen halten Vorträge, bieten Schulungen an, Workshops, Trainings. Wie unterstützend kann es da sein, auch als Gedächtnisstütze und zur Vertiefung gleich ein Buch anzubieten.
Sie brauchen dazu keinen Verlag und auch keine große Auflage.
book@sterndruck.at – genügt.

Was bleibt noch zu sagen?

Viel und auch wieder nicht. Bei Sterndruck steht einer der modernsten Druckcomputer der Welt. Ein MAN-ROLAND high-speed-Wunderding. 6-Farben und integriertes Lackwerk. Die 25.000 Exemplare der 1. Auflage dieses Buches wurden so produziert. Und möglicherweise folgt Ihr Projekt als nächstes.
Vielleicht noch ein winziges beredtes Detail: Sterndruck hat keinen Außendienst. Die Empfehlungen der Kunden lasten die Sterndrucker aus.
Ja. Danke!

Haben Sie Lust – schauen wir uns
noch gemeinsam ein paar Sterndruck-Fotos an?

Book-on-Demand
by Sterndruck

Sterndruck
Gewerbeweg 5
6263 Fügen/Zillertal
Austria

fon +43 5288 6 2925
fax +45 5288 6 2925 25
info@sterndruck.at
www.sterndruck.at

LichtBlick. liechtenstein.
siegmund schreiber & merle stronck

„Ich komme aus Bremen“, sagte er und seine blauen Augen blitzen mich hinter randlosen Gläsern wach und funkelnd an. „Die Frau dort drüben ist Merle, meine Frau. Sie ist zwar in Kapstadt geboren, doch ihre Eltern sind Holländer. Sie wuchs in Südafrika auf, noch während der Apartheid, studierte in den USA, ging später nach Kanada und noch später nach Deutschland.
„Ja“ – und sein Lächeln wurde spitzbübisch – „gemeinsam leben wir in Liechtenstein. Als Familie. Mit ihrem wunderbaren Sohn Enzo, der uns auch indirekt zusammenbrachte.“

Es war Winter. Wir begegneten einander zum ersten Mal im Kontext eines Seminars. Ich schaute Siegmund voll an. Ein großer, schlanker, stattlicher Mann. „Liechtenstein“ – dachte ich. „Was mag er wohl von Beruf sein?“ Eine Reihe von Bildern flutete über meinen inneren Bildschirm, doch keines wollte so recht einrasten. Ich fühlte, wie mich die Internationalität des Paares anzog. Ich mag dieses weltoffene Flair, diese Aura von Weite, die die beiden umgibt und mit der stets ein großer, toleranter Blick einhergeht. Das war so deutlich zu spüren bei den beiden.
Wir waren auf einem jener Seminare, wo die Menschen von vornherein per Du sind und bei denen unser soziales Image wenig gefragt ist. Trotzdem hat es mich sehr gereizt – als erstes die Frage nach dem Beruf zu stellen…

„Ich bin Geistheiler“, sagte er mit solcher Selbstverständlichkeit und so aus sich heraus, dass ich verblüfft war. Kein Hauch von Sensation in seiner Stimme, kein Sich-zur-Schau-Stellen, weder eine Spur von Anstrengung noch von Erwartung. Die Antwort kam so neutral und so normal, dass ich innehielt, um mich selbst zu fragen, ob ich mehr wissen wollte.
Ich wollte.

Institut LichtBlick

Und so darf ich Ihnen das Institut LichtBlick vorstellen, ein Kraftort im Fürstentum Liechtenstein; gelegen im Grenzgebiet zwischen den Energien der Schweiz, von Deutschland und Österreich.
Merle und Siegmund arbeiten von dort aus und haben sich auf die **„Geistige Aufrichtung“** spezialisiert. Das ist eine sehr spezielle – spirituelle – Form, um unsere Wirbelsäule zu begradigen.
Uns innerlich aufzurichten.

Tausende und Abertausende von Menschen haben inzwischen diese sofort sicht- und beweisbare Geistige Heilung erleben können. In der Praxis in Vaduz oder wenn Siegmund – wie immer häufiger – auf Tournee ist.
Als Botschafter Liechtensteins, wenn die Klienten bei Kooperationspartnern in Deutschland, Österreich oder der Schweiz nach Terminen fragen, wann der Heiler aus Liechtenstein wieder kommen kann...
Nicht nur Einzelne, sondern auch viele Paare und – in jüngster Zeit zunehmend – Teams aus Firmen, Organisationen, Verbänden und Vereinigungen unterschiedlichster Art – wünschen „Geistige Aufrichtung".
Und alle kommen auf Empfehlung – keine Werbung.

Merle: „Zu unseren Klienten zählen alle nur denkbaren sozialen Schichten; Alte, Junge, Männer, Frauen, Kinder. Mit allen nur vorstellbaren Berufen. Anwälte, Hilfsarbeiter, Ärztinnen, Treuhänder, Mütter, Lehrlinge. Skeptiker, Kritiker, herzoffene Menschen ebenso wie Betrübte, die in uns möglicherweise ihre letzte Hoffnung sehen."

Siegmund und Merle sind ein wundervolles Beispiel, das zeigt, wie intensiv das Leben mäandert und wo es uns hinführt, wenn wir letztlich unserem Ruf folgen. Das lässt sich nicht ausdenken. Nicht vorhersagen. Denn durch das Leben des Paares zieht sich kein roter Faden. Und doch! Unsichtbare Kräfte bewegten die beiden aufeinander zu. Aus unterschiedlichen Kontinenten; aus gänzlich verschiedenen Ausgangspositionen. Folgen wir kurz der Spur...

Nomen est omen.

Siegmunds erste Karriere war „Beamter auf Lebenszeit".
Schon seine Ahnen waren Schreiber und auch er, Siegmund Schreiber, wurde Stadtschreiber in Bremen, der es bald bis zum Senatsschreiber brachte. Er war dereinst einer der jüngsten Beamten Bremens, heiratete schon mit 21 Jahren, wurde mit 23 Jahren das erste mal Vater und hat zwei erwachsene Kinder.

Siegmund: „Beamter auf Lebenszeit hatte für mich auch etwas von Langeweile und Armut auf Lebenszeit. Wir kamen mit meinem Gehalt nicht aus und so baute ich mir im Nebenberuf eine kleine Firma auf:
„Siegmund Schreiber. Anlage- und Unternehmensberater" stand auf dem Schild." Die Firma ging besser und besser, sein Team wuchs und schließlich kündigte er Anfang der 1990er Jahre seine pragmatisierte Stellung und die damit verbundene – scheinbare – Sicherheit.

Die Geschäfte liefen gut, so richtig gut – und so stieg er in das Immobiliengeschäft ein. Schließlich gründete er zusätzlich eine Bauträgergesellschaft und baute richtig große Dinger. Und wie in fast allen Firmen stieg auch bei ihm die Überlastung nach oben. Er hatte immer mehr und noch mehr zu tun, stöhnte unter dem Stress und wusste nicht recht, wie er aus dem Hamsterrad dieses Erfolges aussteigen könnte.

Die Plötzlichkeit.

Wie vom Blitz getroffen wurde er im Jahr 2000 von einem Tag zum anderen krank. Schwer krank! Akute Operation. Wochen-, monatelang im Krankenhaus. Stützkorsett. Höllenqualen. Morphium... Schließlich galt er als austherapiert und somit als hoffnungsloser Fall.

Siegmund: „Es war eine unglaubliche Zeit. Eine einzige Pein. Vielleicht auch durch das Morphium begann ich, Stimmen zu hören. Es war meine innere Stimme, die mir sagte, ich sei ein HEILER. Ich verstand die Welt nicht mehr. Auch meine Ehe begann unter diesem enormen Druck zu bröseln und schließlich trennten wir uns – freundschaftlich.

Damals erzählten mir Bekannte von einer **‚Geistigen Aufrichtung'**, die sie selbst erlebt hatten. Nun, das war so gar nicht mein Ding, absolut unspirituell wie ich damals war. Doch meine Situation war so verzweifelt, dass ich mich nach Berlin fahren ließ. Im Stützkorsett. So kam ich also zu einem Geistheiler, der ein Meisterschüler des russischen Geistheilers und Initiators der Geistigen Aufrichtung, Pjotr Elkunoviz, war.

Die Behandlung begann. Ohne Berührung. Ohne viele Worte. Und obwohl ich es nicht glauben konnte, spürte ich, wie sich sofort etwas in mir veränderte. Es war so unbeschreiblich. Soll ich es Freude nennen oder Liebe oder Stille ...? Ich wusste es damals einfach nicht. Doch was ich erlebte war eine tiefe Verbindung im Herzen. Ja, es war eine Verbindung im Herzen. Ein Gefühl von LICHT und LIEBE – einer göttlichen Energie – die in einem Augenblick ein ‚neues BewusstSEIN' in mir initiierte.
Es war eine Heilinitiation."

Die Genesung.

Ein Prozess begann sich über Wochen zu entfalten. Freizuschälen. Siegmunds alte Bewegungsfähigkeit und Fitness kehrten zurück, er konnte sein Lauftraining wieder aufnehmen und ... lief neun Monate nach seiner Geistigen Aufrichtung den Marathon in Berlin.
Als Siegmund seine Geschichte erzählte, fühlte ich mit. Spürte seine Dankbarkeit, sein Staunen und ich verstand existentiell, dass wir hier etwas für uns alle hören. Nämlich, dass Genesung geschehen kann, wenn wir die Parameter unseres Bewusstseins verändern. Wenn wir zulassen, dass etwas Größeres durch uns hindurch wirken darf.
Krankheit, Genesung und das bewusste SEIN veränderten nachhaltig und irreversibel das Leben von Siegmund Schreiber. Er aktivierte den Heiler in sich, ließ sich ausbilden, besuchte Kurse und Seminare und begann, als Geistheiler zu arbeiten. Einer seiner jüngsten Klienten war Enzo, der kleine Sohn von Merle. Es war eine Fernheilung.
Aus Dankbarkeit lud ihn Merle nach Liechtenstein ein. Am 28. Oktober 2005 um 16:25 Uhr trafen die drei einander zum ersten Mal.
Der Rest ist nicht Geschichte, sondern gelebtes Leben.

LichtBlick in Liechtenstein

Siegmund Schreiber wurde ebenfalls ein Meisterschüler von Pjotr Elkunoviz. Mit dem fundierten Erfahrungsschatz vieler spiritueller Lehrer und Heiler gründete er gemeinsam mit Merle die Praxis LichtBlick in Vaduz im Fürstentum Liechtenstein.

Während eines Darshans bei Shri Sathya Sai Baba in Südindien erfuhr Siegmund eine energetische Einweihung der Geistigen Welt, die Geistige Aufrichtung selbst als spiritueller Lehrer und Ausbilder weiter zu geben. So weihte er noch in Indien Merle in die Energie der Geistigen Aufrichtung ein. Beide haben vielen Menschen, besonders den Kindern in Indien, die Geistige Aufrichtung schenken dürfen...

Geistige Aufrichtung

ist ein Erlebnis, ein Ereignis, das sich dem herkömmlichen Tun vollkommen entzieht. Es wird nichts getan im landläufigen Sinn. Kein Gebet. Keine Affirmation. Weder Worte noch Berührung. Sofort sicht- und beweisbare geistige Heilung! Dauerhaft – da nicht am Symptom, sondern dessen geistig-seelische Ursache geheilt wurde.

Ein Heiler stellt sich einfach als Kanal zur Verfügung. „Wir sind der Kelch des ewigen Bundes" – lehrte uns Jeschua vor 2000 Jahren.

Merle Stronck dazu: „Im gleichen Ausmaß wie wir im Herzen geheilt, unsere Herzensbrüche für uns selbst und andere vergeben und bereinigt sind – im gleichen Ausmaß fließt auch diese kosmische Energie durch uns hindurch. Es fließt einfach durch uns hindurch. Am liebsten würde ich es Gnade nennen. Es ist ein Dienen auf einer transpersonalen Ebene; jenseits von Ego."

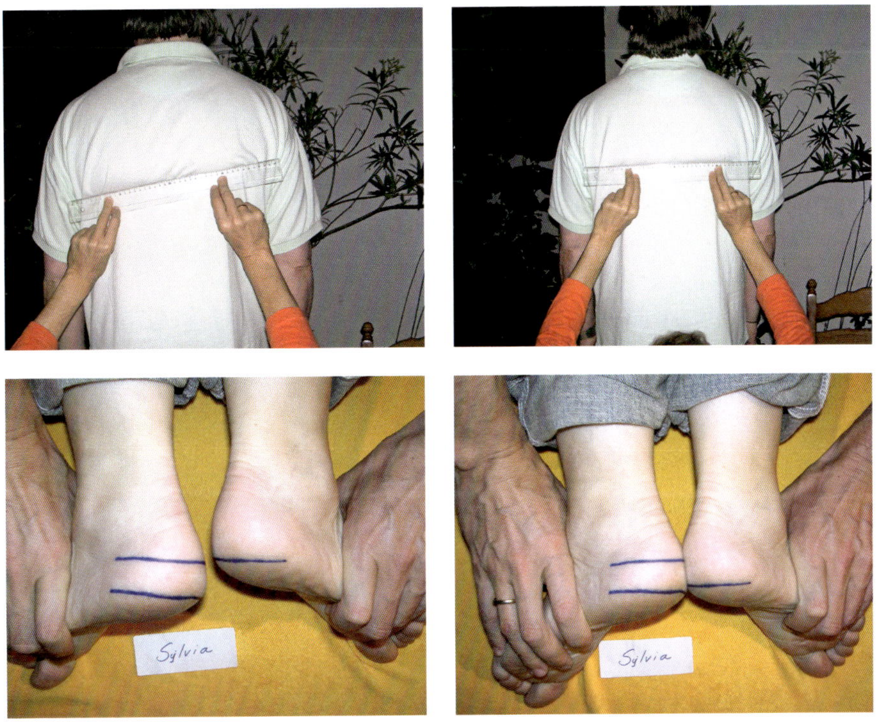

Die Fotos zeigen Schulterblattschiefstände und Beinlängendifferenzen von Klienten der Praxis LichtBlick – vor und nach der Geistigen Aufrichtung.
Ohne Berührung des Körpers sind in Sekundenschnelle die vorherigen Schiefstände sichtbar und **dauerhaft** durch die Geistige Aufrichtung ausgeglichen!

Jwala, meine Frau, und ich haben diese Geistige Aufrichtung erfahren. Es war eine Fernheilung, von Siegmund durchgeführt. Wie lässt sich das beschreiben, welche Worte weisen in die rechte Richtung?
Uns geschah eine leise Berührung, schwebend, äußerst sanft, wenig spektakulär. Ein Frieden wie aus tiefer Meditation durchzog unser Gemüt, ein zustandsloser Zustand des im Einklang Seins erfüllte uns.
Worte, die gesagt werden, verwässern das Wesentliche, nämlich das So-Sein des Augenblicks. Es ist wie es ist und alles ist gut; trifft aus unserer Sicht den Kern. Gleichzeitig begradigte sich unsere Wirbelsäule.

Das spürten nicht nur wir – sondern es ergab sich, dass ich kurze Zeit später einen Bekannten traf, der als Heilpraktiker arbeitet, spezialisiert auf Rückenprobleme. Ich bat ihn – nicht aus der Haltung der Kontrolle, sondern mehr in Würdigung dieses Zufalls, dieser Synchronizität – meine Wirbelsäule abzutasten. Und siehe da – er sagte: „Das ist selten, Karl. Du hast eine vollkommen begradigte Wirbelsäule.“

Das Welt- und Menschenbild der geistigen Aufrichtung

Wenn wir vom KOSMOS sprechen, meinen wir unser Universum. **Kosmos bedeutet Ordnung.** Eine Art „Göttliche Ordnung“ durchzieht unseren Kosmos. Auffallend ist, dass wir diese Erkenntnis in allen Traditionen finden, auf allen Kontinenten, bis hin zu den Spitzenwissenschaften. Eine schwer fassbare Ordnung, die auf der Quantenebene nicht den Regelmäßigkeiten von Ursache-Wirkungs-Mechanismen unterliegt – durchzieht unseren Kosmos. Wir können uns in diese Ordnung fallen lassen. Voll Vertrauen. Mit Mut. Auch wenn diese Ordnung auf der Quantenebene nicht deterministisch – also vorherbestimmt – ist, sondern sich diskontinuierlich und kreativ offenbart, so wirkt diese Ordnung dennoch äußerst segensreich bis ins kleinste Detail. Das mag die Vorstellungskraft unseres Verstandes sprengen, dennoch ist es so.
Geistige Aufrichtung dockt uns an diese kosmische Ordnung an. Und zwar mit unserem Körper, fokussiert auf die Wirbelsäule.

Die Wirbelsäule

Die Wirbelsäule wird in diesem Zusammenhang als Träger aller vorgeburtlichen Muster und als Empfänger aller mentalen und emotionalen Informationen verstanden. **In der Wirbelsäule wird alles gespeichert.** Die Wirbelsäule wiederum sendet diese Informationen in die ihr angeschlossenen Systeme des Körpers, des Verstandes, des Gefühls und des Geistes aus. Daraus ergibt sich ein Menschenbild, das uns als multidimensionale Wesen erkennt; mit unterschiedlichen Körpern.

Krummes wird gerade

Für die geistige Aufrichtung ist es unerheblich, ob der Einzelne das weiß oder gar glaubt. Doch wenn wir nur ein wenig die Hintergründe beleuchten wollen, so muss das erwähnt werden. Denn es geht ja darum, das „Krumme" gerade zu machen. Weshalb? Damit die Lebensenergie, häufig Chi oder Prana genannt, ungehindert durch all unsere Körper fließen kann. Dies geschieht auf der körperlichen Ebene durch die Meridiane. Dem Geistigen Aufrichter ist jedoch bewusst, dass es neben dem physischen Körper noch den Ätherkörper gibt, von manchen auch als Leib bezeichnet, sowie den Astralkörper oder Emotionalkörper, der für Gefühle zuständig ist und den Mentalkörper. Diese Körper decken die niedere Natur des Menschen ab, was keine Beurteilung ist, sondern eine Klassifizierung. Denn es geht nicht um einen Dualismus im Sinne von besser oder schlechter.

Die höhere Natur des Menschen umfasst:

- den Kausalkörper – kosmische Weisheit;
- den Buddhi-Körper – kosmische Liebe;
- den Atman-Körper – kosmische Wahrheit.

Über die Wirbelsäule sind wir mit all diesen Körpern verbunden. Verändert sich diese, hat das Auswirkungen auf alles. Durch das holografische Prinzip des Universums – somit auch unseres Körpers – spiegelt sich diese, durch die Geistige Aufrichtung mögliche, Neuprogrammierung in jeder Zelle des Menschen wider. Einzigartig und einmalig im Leben eines Menschen. Ein gesamthaftes Lebensgefühl entsteht. Alle unsere Körper wirken nach dem Prinzip der gegenseitigen Förderung.

Diese Form der Aufrichtung ist in ihrer Essenz eine alles durchdringende, durchströmende, vitale Belebung.

Es wundert nicht, dass sich in unserer Zeit des Aufbruchs, des radikalen Paradigmenwechsels so viele Menschen von dieser Möglichkeit angesprochen fühlen und sich aufrichten lassen. Nach Schätzungen dürften es aktuell |Stand Sommer 2009| deutlich mehr als 400.000 Menschen sein, die insgesamt eine Geistige Aufrichtung erfuhren. Tendenz stark steigend.

Ausbildung

Daher ist es ein Segen, dass Siegmund Schreiber und Merle Stronck nun – neben der Arbeit für ihre Klienten – auch Ausbildungen als HeilerIn zur Geistigen Aufrichtung anbieten. Denn das geheime Tor zu einem gut gelebten Leben – zu Freude, Wachstum, Freiheit, Gesundheit und Erfolg – führt über unsere fünf Sinne hinaus.
Wir Menschen sind aufgerufen zu einer lebendigen Kooperation mit der geistigen Welt. Es braucht neue „**Medica mente**“, denn wir haben die ursprüngliche Bedeutung dieses Wortes vergessen. **„Medica mente“ sagten die Alten und meinten: „Heilung durch den Geist“.**

Siegmund und Merle haben ihr Zentrum mit großer Absicht nach Liechtenstein gelegt. Merle: „Dieses wundervolle Land ist meine Heimat geworden. Unsere Wahlheimat. Die Heimat meines Herzens.“ Und beide wollen dem Land und den Menschen etwas zurückgeben.

Den LichtBlick.

LichtBlick
Praxis für Gesundheitsförderung
Siegmund Schreiber & Merle Stronck
Altenbach 11
9490 Vaduz
Fürstentum Liechtenstein

fon +423 233 4343
fax +423 233 4345

info@lichtblick4you.li
www.lichtblick4you.li

PEKANA naturheilmittel

Es ist eine der bemerkenswertesten Begegnungen meines Lebens. Gütige Augen ruhen auf mir. Weisheit, umrahmt von Liebe. Ein stundenlanges Gespräch findet sein Ende. So natürlich, wie ein welkes Blatt fällt, wenn die Zeit gekommen ist.
„Ich möchte Sie gerne umarmen."
Langsam steht er auf. Wacker und würdevoll in einem. Kaum merklich gestützt von Katharina, seiner Frau. Ich gehe auf ihn zu und die Freude der Zeitlosigkeit umhüllt mein Herz. Es ist ein wortloser Abschied, der darum weiß, dass es im Jetzt des Kosmos weder Anfang noch Ende gibt. Alles ist wie es ist und so ist es gut.

Der Mann, der diesen Raum geschehen ließ und über den ich gleich erzählen werde, heißt Peter Beyersdorff, ist Doktor und ein Heilkundiger in des Wortes ursprünglichem Sinn. Er möge es mir nachsehen, denn ich weiß, er mag das nicht: Ich halte sein Werk für einen Segen und ihn persönlich für ein lebendiges, atmendes Buch der Arznei. Vorbildlich.

Heute, Wochen später, darf ich berichten

Ich war in Kißlegg im Allgäu, um mich mit Katharina Beyersdorff zu treffen, die – neben ihrem Mann – die Geschäfte von PEKANA leitet. Dieses Buch hier hatte in mir schon eine deutliche Form und mein Wunsch war, mehrere Signale in Richtung eines gesunden, gesamthaften Lebens aufzunehmen. Zu meiner Freude kam Dr. Beyersdorff zu diesem Gespräch später hinzu.

Katharina und Peter Beyersdorff

Im Jahr 1978 führte ein Apothekenpraktikum Katharina und Peter Beyersdorff zusammen. Es gibt einen beachtlichen Altersunterschied zwischen Katharina und Peter – doch es ist die Liebe, die keine Grenzen kennt. Liebe ist so praktisch. **Denn wo Liebe ist, gibt es immer einen Weg.**
Und so zeigte sich auch den beiden ein Weg der Gemeinsamkeit. Sie heirateten und bekamen zwei Söhne, Johannes und Marius. Doch was mich bei dieser Begegnung besonders berührte, war das unsichtbare Licht der Liebe, das beide umfloss.
Eine tiefe Wertschätzung – vom einen zum andern. Und kleine Gesten, die das Leben im Augenblick erleichtern. So sehr!

Katharina Beyersdorff war von Beginn an Geschäftsführerin von PEKANA und vertritt das Unternehmen national und international. Beide verbindet – neben einer tiefen persönlichen Beziehung – eine intensive Naturverbundenheit und die Begeisterung für die Herstellung von Produkten auf pflanzlicher Basis. Katharina stand in all diesen Jahren neben ihrem Mann und hat eine Vielzahl von Aufgaben übernommen und verantwortet.
So hat PEKANA eine beispielhafte und vor allem gelebte werte-orientierte Unternehmenskultur. Außerdem ist der gesamte betriebswirtschaftliche Bereich von ihr geleitet und geprägt, wie vieles andere ebenfalls. Sie schuf die Basis für ein mutiges und vorwärtsgewandtes Handeln.

Peter Beyersdorff wurde 1928 in Preußen geboren. Schon als kleiner Bub wollte er Apotheker werden. Er sah einen Mann im weißen Kittel, der anderen Menschen hilft. Als 6-jähriger ging er erstmals in eine Apotheke... seine Augen glänzen, während er erzählt. Von der Zeit damals, vom Krieg, dem Großvater, bei dem er aufwuchs. „Drei Werte sind es" – sagt er – „die mein Großvater tief in mein Herz senkte: Vorbild, Güte, Liebe". Während des Krieges war er eine gewisse Zeit in Polen und sein Studium verdiente er sich als Jazz-Gitarrist.
Wir lachen an dieser Stelle beide, denn ich kann ihn mir so gut vorstellen, den jungen Peter, der die verschiedenen Facetten des Lebens kostete.
Er promovierte in Phytotherapie. Phytotherapie ist die Lehre der Verwendung von Heilpflanzen als Arzneimittel. In den Jahren 1956/1957 begann er sich intensiv mit Homöopathie zu befassen und zeichnete damit den großen Kurs für sein Leben. Er hat sich auf Spagyrik spezialisiert, einer besonderen Therapierichtung der Homöopathie. Sein Beruf ist seine Berufung.

Zwischenspiel. Homöopathie versus Allopathie

Das Wort Allopathie geht auf Samuel Hahnemann zurück, der es um 1800 herum einführte. Mit dieser Bezeichnung kritisierte Hahnemann den aus seiner Sicht konzeptlosen Umgang der damaligen Schulmedizin mit oft mehreren vermischten Substanzen. Allopathie kommt vom griechischen Wort „allos" – „anderer" und „pathein" – leiden. Hahnemann |1755 – 1843| – der Begründer der Homöopathie – meinte damit die Übertragung einer Krankheit von einem Teil auf einen anderen. Die Allopathie hat in den letzten Jahrzehnten sehr gute Erfolge erzielt, wie Dr. Beyersdorff bestätigt, doch zu bedenken gibt, dass die

Balance – der richtige Einsatz von Homöopathie und Allopathie zur rechten Zeit im praktischen Therapeutenalltag wichtig ist. Beide haben jeweils ihren Platz; ein integrativer Einsatz der jeweils passenden Methode ist für Peter Beyersdorff wichtig und entscheidend.
In der Allopathie werden Krankheitssymptome als die Krankheit selbst angesehen. Verschwindet das Symptom, gilt der Patient als geheilt.
Die Allopathie pflegt eine mechanistische Medizinanschauung mit der Bemühung, durch „Fremd"-Mitteleinsatz zu heilen; |„allo" = „fremd|. Dem steht mit der Homöopathie eine Medizinanschauung gegenüber, die „gleiche" Mittel sucht, um zu heilen; |„homöo" = „gleich"|. Die Homöopathie betrachtet den Menschen als eine Einheit; als eine untrennbare Ganzheit aus Körper, Seele und Geist. Das führt natürlich zu einer systemischen Betrachtungsweise und damit zu einem zusammenhängenden Blick auf den Gesamtkontext. Das wiederum löst eine andere Form der Diagnostik und der Therapie aus.

PEKANA

1960 gründete Peter Beyersdorff im badischen Sulzfeld die Burg-Apotheke und entwickelte innerhalb von zehn Jahren eine ganzheitlich aufgebaute Palette von etwa 80 Heilmitteln. 1974 bekam er die erste Herstellungserlaubnis und 1978 war dann der Beginn von PEKANA. Das Wort setzt sich aus den Silben PEter; KAtharina und NAturheilmittel zusammen.
1981 begann der Betrieb in Kisslegg im Allgäu. Das Unternehmen beschäftigt derzeit etwa 40 MitarbeiterInnen, ist GMP-zertifiziert und arbeitet nach dem neuesten Stand der Technik.
Es gibt etwa 400 standardisierte Abläufe im Unternehmen. Eine Herausforderung, die mit Bravour genommen wird. PEKANA produziert händisch. In Handarbeit. Mit Handverschüttelung. Es werden keine chemischen Produkte hergestellt, sondern nur rein pflanzliche, in hingebungsvoller Qualität und mit langer Tradition. Der Erhalt des Gesamtprogramms steht im Vordergrund um eine entsprechende Therapievielfalt gewährleisten zu können, auch wenn Kosten/Nutzen nicht immer gegeben sind.
Katharina Beyersdorff: **„Die Natur lebt uns das Werden und Vergehen vor und kümmert sich nicht um Trends."** Ein Unternehmen wie PEKANA darf im klassischen Sinn nicht werben. Die Produkte werden in der Regel von Ärzten und Heilpraktikerin verordnet und sind in Apotheken erhältlich. Das Anliegen von PEKANA wird jedoch auch über Schulungen und Seminare weitergegeben. Nicht nur zentral in Kisslegg, sondern auch regional.
Etwa 1.000 Menschen besuchten im Jahr 2008 PEKANA-Schulungen.

Die Welt von Dr. Beyersdorff

Wer den Zauber in der Welt entdeckt, wird von Seltsamkeit berührt. Denn eine solche Berührung führt immer abseits des Gewohnten. Es ist meist ein einsamer Gang, von anderen als merkwürdig oder sonderbar – eben als seltsam – betrachtet. Für einen solchen Weg braucht es Mut. Und die Verbindung zum Ruf der Seele. Vor diesem Hintergrund möchte ich nun etwas von der Welt des Peter Beyersdorff lebendig werden lassen.

Und ich will mit Ihnen teilen, dass ich vor der Begegnung mit ihm das Wort „Spagyrik" noch nie gehört hatte. Nun erzählt mir ein Doktor dieses Gebietes von seinen Entwicklungen, seinen Forschungen, seinen geistigen Welten und von dem, was er an Produkten daraus den Menschen zur Verfügung stellt. Obwohl er einfach spricht, kann ich manches nicht verstehen. Ich lausche mit dem Herzen.

Mir ist klar, dass er aus einem inneren Raum spricht und in gewissem Sinne abliest, was sich ihm dort zeigt. Er weiß auf einer tiefen Ebene um die Einheit allen Lebens und erkennt, dass Krankheiten nichts anderes sind als Energieblockaden, als Störungen im Energiefluss. Mit einem Lächeln weist er auf Einstein hin, den er zitiert: **„Was sich unseren Sinnen als Materie darstellt, ist in Wirklichkeit eine hohe Konzentration von Energie auf kleinstem Raum.**" Und er ergänzt und erweitert diese Sicht durch einen Satz von Max Planck: **„Tatsächlich gibt es überhaupt keine Materie, alles besteht aus Schwingung.**"
Wenn wir das übernehmen, so ist alles Energie. Das gesamte Universum ist Energie. Die soziale Grundlage unserer Wahrnehmung sollte – aus dieser Perspektive – die Gewissheit sein, dass es nichts anderes gibt als Energie. Diese Haltung lässt uns das Wesen der Dinge, der Pflanzen, der Stoffe … erfassen. Eine solche Sicht ist jedoch unmöglich, wenn wir den Körper des Menschen mechanistisch immer nur in eine Betrachtung der Funktion der Einzelorgane aufteilen.
Einverstanden?
Konnte ich Sie, die Leserin, den Leser mitnehmen oder habe ich Sie verloren?

Spagyrik

Es war Paracelsus, der die Spagyrik aus der Alchimie entflocht und sie der Pflanzenheilkunde zuführte. Paracelsus |1493 – 1541|, dieser große Einsame, lebte im Schnittpunkt zweier Welten: Mittelalterlich-gläubiger Christ, unerschrockener moderner Forschergeist und hilfreicher Arzt zugleich, überspannt er bis heute in einem kühnen Geistesbogen alle Gegensätze.

Peter Beyersdorff hat die Lehren und Erkenntnisse dieses legendären Heilers – wie soll ich sagen? – inhaliert. In sein gesamtes System übernommen. Es ist ein heilender Geist im Raum, wenn Dr. Beyersdorff Spagyrik und Paracelsus erklärt: „Neben dem Menschen ist die Pflanze die energetisch reichste Lebensform. Deshalb wandte sich Paracelsus der Pflanzenheilkunde zu und nannte diese Spagyrik. Dieser Ausdruck führt uns in seiner Bedeutung zu „spao" – „trenne" und „ageiro" – „vereinige".

Anders ausgedrückt: Trenne dich von dem materiellen Träger und führe die heilenden Kräfte zusammen." Paracelsus selbst sagte dazu: „Niemand sieht die Arznei. Es ist der Körper, darinnen sie liegt." Und Dr. Beyersdorff ergänzt: „Was wir sehen, ist nicht die Arznei. Wir sehen den Körper, in dem sie liegt. Denn die Arcana, die Heilkräfte der Elemente, sind unsichtbar."

So verstanden wird das Unsichtbare, das Energetische – zum eigentlich Wesentlichen!

Die Sprache der Pflanzen

Nun hat sich in einem lebenslangen Sein mit den Kräften der Pflanzen in Dr. Peter Beyersdorff ein Verständnis gebildet, das wegweisend ist.
Er selbst spricht von Fügungen, von Synchronizitäten.

Mehr und mehr haben ihm die Pflanzen ihre Geheimnisse offenbart und er selbst fand Zugang zu dieser wortlosen Sprache. Daher arbeitet er heilend und nicht nur symptomlösend. Seine Blickrichtung ist die Homöostase – also die Selbstregulation. Seine Präparate unterstützen die Selbstregulation der Menschen mit dem Erfolg, dass Heilung geschehen kann.

Dr. Beyersdorff: „Ich habe mein Leben lang versucht, die Gesamtheit zu erfassen und Impulse zu setzen, um das System dort zu stärken, wo diese Gesamtheit eine Unausgewogenheit zeigt." Und weiter: „Potenzierung bedeutet ja nichts anderes als Kraftentfaltung. Und zwar so befreit von der Materie, dass die wirkende Information bleibt. Daher gilt es bei PEKANA, die möglichst größte Feinstofflichkeit aus den Pflanzen herauszulösen, so, dass die pure Essenz der Information bleibt."

Ein kosmischer Bogen zum Schluss

„Jeder arbeitet auf seiner persönlichen Frequenz. Jeder ist sein eigener Ton. Mein Bestreben ist zu sehen, wie der Körper seine eigene Funktion und damit seinen Ton wieder findet. Das gelingt durch den Abbau von Belastungsfunktionen. Das weiterhin anzubieten bleibt unsere Ausrichtung und die Widmung dieser Arbeit."

Wie sehr ich dieser wundervollen Arbeit wünsche, noch deutlicher und tiefer gesehen zu werden. Es ist eine so heilende Antwort für die Menschen unserer Zeit! Auch eine dringend not-wendige.

Ich könnte noch vieles erzählen …

Unser Gespräch führte uns neben anderem zu Hermes Trismegistos, dem gossen Alten, von manchen früher als Gott Toth verehrt, von anderen als Begründer der abendländischen Philosophie gesehen. Die Prinzipien des Hermes waren über Jahrtausende verschlossen; hermetisch abgeschirmt. Heute wissen wir, was schon vor 5.000 Jahren bekannt war: Alles ist Geist. Alles ist Energie. Alles ist Schwingung und alles folgt einem Rhythmus. Wie oben – so unten. Leben wir so unser Leben, so ist uns das Geschenk der Gesundheit gewiss. Und in all dem können wir auch den Einfluss der Gestirne, unsere Herzens- und Geisteshaltung und unsere göttliche Bestimmung beachten.
Dr. rer. nat. Peter Beyersdorff. „Die Spagyrik spricht den Menschen in allen Seinsebenen nach den alten Grundsätzen an. Und zwar in moderner Form und nach dem Prinzip:
cito, tuto et lucunde. Schnell, ganzheitlich und umfassend."

„Die Schule der Arznei" – sagte Paracelsus – „ist nicht mit Ziegeln gedeckt, sondern mit dem ganzen Himmel." Einem Himmel, den wir in unserem Herzen wieder finden.

PEKANA

Gesundheit weiterdenken.

PEKANA Naturheilmittel GmbH
Raiffeisenstrasse 15
88353 Kisslegg
Deutschland
fon 0049 7563 91160
fax 0049 7563 2862
info@pekana.com
www.pekana.com

ilse kravack humboldt apotheke & cuoreVita

Wissen Sie woher ich komme? Ich komme aus dem Raum der Beweise. Kennen Sie diesen Raum? Meiner sieht aktuell für diesen Beitrag so aus: Eben studierte ich Seiten um Seiten verschiedenster Unterlagen, las Statistiken, Fragebögen, Auswertungen, Fachchinesisch, faszinierende Artikel und beeindruckende Broschüren. Sah Videos, surfte über Dutzende von Seiten im Netz, googelte, warf einen Blick in die bereits sichtbare Zukunft der Medizin und: bin erschöpft.

Auf eine gute, sanfte, zarte Art schwebt ein Sign von Jwala in mein Bewusstsein:
„Ich habe genug“. Und ohne Aufregung, ohne Urteil sage ich:
„Ich habe genug“.
Ich werde Ihnen… Ich werde Ihnen diese Beweis-Last nicht zumuten.
Doch ich möchte einen Bogen schreiben, der Vertrauen nährt.

Ilse Kravack

hat ein Herzensanliegen, ein inneres Feuer, so stark, dass sie Pharmazie studierte, ihr Wissen daraus durch Seminare und Ausbildungen erweiterte, mit Studien und Büchern bereicherte, Experten von internationalem Ruf traf … um das, was durch sie in die Welt will, auch mit dem Verstand belegbar zu machen.
Mehr als 30 Jahre hat sie studiert. Hat ihr Thema mit jeder Faser ihres Körper, ihres Verstandes und ihres Fühlens durchdrungen und doch… Und doch ist und bleibt es ein Prozess in einem nie erlahmenden Werden. Ein Fluss in der Evolution der Entfaltung, der sich um das Thema „Gesamthafte Gesundheit“ bewegt.

Frau Kravack ist Eigentümerin der Humboldt-Apotheke in der Südstadt Nürnbergs. Seit 1985. Die Humboldt-Apotheke ist über 100 Jahre alt und atmet den verwegenen Geist der Zukunft. Denn in der Apotheke finden – neben der Kerntätigkeit jeder Apotheke – Begegnungen statt und ein integraler Wissens-Transfer über Entwicklungen, Krankheits- und Gesundheitsbilder, über Perspektiven und über die Möglichkeit, rigoros-individuell ein Bild über den persönlichen Stoffwechsel zu bekommen.

Ein Service, der sich nicht nur auf Nürnberg beschränkt, sondern ausgedehnt wurde auf: Überall; bis nach Indien. Das ist über ein web-basiertes Service-Portal möglich namens cuoreVita. Darüber gleich mehr.
Ilse Kravack leitet diese Apotheke als Fachapothekerin für Offizin-Pharmazie und ist – halten Sie sich fest – zusätzlich diplomierte Vitalstofftherapeutin und Expertin für orthomolekulare Medizin; Ernährungsberaterin; Anti-Aging-Trainerin; Aromatherapeutin; lehrt zudem an der Berufsschule Nürnberg.
Sie ist auch Mutter und überhaupt – eine bemerkenswerte Frau.

Unsere Begegnung … und 13

Ilse, Jwala und ich lernten einander auf einem sehr speziellen Transformations-Workshop kennen. Es war ein kleiner Kreis von 13 Menschen.
Wir schenkten uns über mehrere Tage eine Art Enklave, um Bilder unseres Herzens in unserem Leben zu manifestieren. Die Zahl Dreizehn ist ein sehr bedeutender Baustein im Universum. Er formt die Struktur der dreizehn wesentlichen Gebiete der Schöpfung.
Dreizehn ist die Zahl, die zum weiblichen Prinzip gehört. Die ersten zwölf Aspekte sind für die Form des Universums verantwortlich. Es ist der dreizehnte Aspekt, der Leere, Raum und Transformation mit sich bringt. Man kann augenblicklich loslassen, wenn man bewusst verinnerlicht hat, dass man Teil des großen Ganzen ist.
„Ausgesorgt.“
Der 13te Aspekt unterstützt das Erwachen des weiblichen Lichts, das wir gegenwärtig global erleben. Dieses Licht bringt uns Menschen wieder sehr viel stärker in Kontakt mit den Stoffen und Kräften der Natur; von Mutter Erde; von Gaia. Und damit natürlich auch mit den ebenso wundersamen wie segensreichen Vitalstoffen aus Pflanzen.

Es geht um Ihren Stoffwechsel

Ich halte diese Information deshalb für wichtig, um zu erkennen: Es geht in diesem Beitrag nicht darum, Hintergründe der orthomolekularen Medizin zu erfassen, sondern darum, Ihnen eine bedeutsame Möglichkeit zu offerieren, eigenverantwortlich – und rigoros auf die Bedürfnisse ihres Körpers zugeschnitten – Ihren Stoffwechsel zu optimieren. Denn ich habe von Frau Kravack gelernt: Symptome zeigen nur die oberste Spitze des Eisbergs. Vorbeugung und Gesundheit beginnen beim Stoffwechsel.
Orthomolekulare Medizin arbeitet auf stofflich-energetischer Basis. Mit Vitalstoffen.

Ilse Kravack: „Wir nehmen in der Humboldt-Apotheke und damit für cuoreVita die allerbesten und reinsten Substanzen der Natur, die wir bekommen können. Etwas Besseres gibt es aus meiner Sicht nicht. Spagyrik arbeitet hauptsächlich informativ. Der Synergismus ist, mit beidem zu arbeiten. „Wir zum Bespiel fangen bevorzugt mit PEKANA-Präparaten an und geben dann Brennstoffe hinzu.“

Um mir diese Zusammenhänge zu erleichtern, bot Ilse Kravack das Bild eines Autos an. Die Information |Spagyrik| startet den Motor. Danach braucht es auch Benzin. Das sind Vitalstoffe aus der orthomolekularen Medizin.

Orthomolekulare Medizin

Linus Paulig |1901 – 1995|, der zweifache Nobelpreisträger, hat die orthomolekulare Medizin inspiriert, erweitert und weltbekannt gemacht.
In der orthomolekularen Medizin werden Vitamine, Mineralstoffe, Spurenelemente und Aminosäuren „Nährstoffe" genannt. Diese Stoffe sind unabdingbar für die Erhaltung der Gesundheit.
Zum Teil werden diese Stoffe mit der Nahrung aufgenommen, zum Teil vom Körper selbst hergestellt und – zu einem bedauerlichen Teil – fehlen sie uns. Viele Beschwerden lassen sich darauf zurückführen.

Orthomolekularen Medizin – wo kann sie helfen?

- bei Kinderwunsch
- in der Schwangerschaft
- Freizeit / Sport
  |mehr Energie. Viel kürzere Regenerationszeiten.|
- Krebs
- Vitalität im Alter
- Anti-Aging. Schönheit von innen. So wohltuend für den Körper.
  Eine innere Pflege.
- Allergien und Lebensmittelunverträglichkeiten
- Stress.
  Mit Engelsgeduld erklärte mir Ilse Kravack die Auswirkungen von oxidativem Stress, zeichnete mir den Verlauf enzymatischer Entgiftung auf und öffnete mir ein Universum. Ich muss das nicht alles wissen; doch es ist so beruhigend zu sehen, wie sicher sie durch diese feinstofflichen Welten surft.
- Depressionen
- Diabetes / Herz-Kreislauf-Erkrankungen
- chronische Leiden oder Autoimmunerkrankungen wie MS

Diese Liste ist als Fingerzeig gedacht. In Wirklichkeit geht es darum, den Menschen in seiner Gesamtheit und Multidimensionalität zu erkennen und zu erfassen. Aus dieser systemischen Betrachtungsweise geschieht eine Diagnostik, die das weite Feld des Lebens und den Gesamtrahmen betrachtet und: beachtet!

Die Beratungsgespräche, die in der Humboldt-Apotheke in Nürnberg stattfinden, würdigen all dies und noch sehr viel mehr. Wie zum Beispiel Energiegewinnung aus der Ernährung oder beantworten die Frage, was Stoffwechselblockaden auslöst.

Nahrungsergänzungen

Es gibt am Markt eine für Laien unübersehbare Fülle von Nahrungsergänzungen. Viele – fast alle – werden über Multi-Level-Marketing-Systeme angeboten. An dem ist nichts verkehrt. Gleichzeitig möchten wir das Spektrum der Betrachtung um eine zusätzliche Möglichkeit erweitern.
Diese zusätzliche Möglichkeit ist **„Rigorose Individualität.“**

Nahrungsergänzungsmittel beinhalten ein Potpourri unterschiedlicher, oftmals sehr wertvoller Stoffe. Doch es handelt sich immer um eine standardisierte Mischung. Meist in kapselform. Oder als Tinktur.

Auf drei Punkte wollen wir hier den Scheinwerfer richten:

1. Lisa ist nicht Dieter. Erich ist nicht Claudia. Kein Haar gleicht dem anderen. Jeder Blutstropfen ist verschieden. Letztlich scheren standardisierte Nahrungsergänzungsmittel jene Menschen, die sie nehmen, über einen Kamm.

2. Bei genauer Analyse der Stoffe in herkömmlichen Nahrungsergänzungsmitteln wird deutlich, dass ein Stoff die Wirkung des anderen entweder wieder aufhebt oder deutlich mindert. Das ist natürlich nicht bei allen so, doch bei verblüffend vielen.

3. Standardisierte Nahrungsergänzungsmittel produzieren meist nur teuren Urin. Warum? Weil Trägersubstanzen fehlen, die die Wirkstoffe langsam den Zellen zuführen. Dadurch fehlt das, was in der Fachsprache „bio-identische Resorption“ genannt wird. „Bioidentisch“ bedeutet: durch und durch natürlich. Mit dem Begriff „Resorption“ bezeichnet man einen organischen Prozess, bei dem körpereigene oder -fremde Stoffe durch lebende Zellen aktiv aufgenommen werden.

Fehlen die entsprechenden Trägersubstanzen, landen die meist teuren Wirkstoffe der Nahrungsergänzungsmittel viel zu schnell im Urin.
Viel zu schnell!

Rigorose Individualität

Der Stoffwechsel jedes Menschen ist unterschiedlich. Wie Fingerkuppen. Diese mögen sich auf den ersten Blick gleichen – doch Sie wissen es besser! Das System, das Ihnen Ilse Kravack über die Humboldt-Apotheke anbietet, ist absolut individuell.
Bis in den Nano-Bereich abgestimmt auf Ihren Körper.

Möchten Sie dieses System kennenlernen?
Here it is:

cuoreVita das Gesunde leben.

Der Körper ist der Anker des Geistes und des Lebens.
Er ist unser Tempel und das Gefährt, mit dem wir unsere Abenteuer bestehen. In der Materie werden unsere Absichten sichtbar und der Körper zeigt die Spuren unseres Lebens.

- Was würde geschehen, wenn wir uns rigoros auf das Gesunde ausrichten?
- Wenn wir bewusst die Aufmerksamkeit verändern, den Blick radikal drehen und den Fokus klar wie einen Laser einstimmen auf das, was uns in möglichst allen Bereichen unseres Lebens gut tut. Was wir als gesund empfinden.
- Was würde geschehen, würden wir dieses Gesunde leben?

Wenn wir dieses Gesunde mit dem Atem unseres Lebens nähren, mit unseren Handlungen fördern, mit unseren Gedanken speisen und mit unserem Herzen laben würden. Was würde geschehen?

Es bedarf keines Propheten um zu erkennen:

- Ihr Leben würde gesünder.
- Das Leben Ihrer Liebsten würde gesünder.
- Die Menschen, die im Alltag um Sie sind, würden gesünder.
- Die Umwelt, die Natur, die Beziehungen, die Wirtschaft, der Staat, die Welt – würde gesünder. Oder?

Sie wissen längst: Dort, wo unsere Aufmerksamkeit hinfällt, dort entsteht unsere Wirklichkeit. Und mit der Aufmerksamkeit fließt die Energie. Denn Aufmerksamkeit ist Energie. Und warum sollten wir uns nicht auf das Gesunde ausrichten – statt auf Probleme, statt auf Krisen ohne Ende, statt auf Ängste und dem Meer aus Leid, das daraus in unser Leben kriecht.
Wie einst die Amphibien und Reptilien.

Wo beginnen?

Nun, Ilse Kravack begann dort, wo ihre Kernkompetenz liegt und bei dem ihr Herz singt. Sie und ihr wundervolles Team bieten Ihnen an, Ihren Stoffwechsel zu analysieren und für Sie – ja, ganz genau für Sie! – einen Lösungsvorschlag zu gestalten. Bis in den Nano-Bereich genau. Denn schließlich ist sie Apothekerin.
Jeder einzelne Schritt ist wohl überlegt und von der Frequenz der Freiheit getragen.
Das heißt?
Sie können nach jedem einzelnen Schritt wählen! Sie bestimmen das Tempo. Denn es ja auch Ihr Weg und Ihr Leben.

Das Gesunde leben

Fangen wir an:

Sie können natürlich in die Humboldt-Apotheke gehen… und das werden Sie vermutlich auch tun, wenn Sie in der Südstadt von Nürnberg leben. Doch angenommen, Sie wohnen ganz woanders...
Dann gibt es diesen komfortablen Weg:
1. www.cuoreVita.net – klicken Sie bitte diese Plattform an.

2. Dort finden Sie einen Fragebogen. Es ist ein Fragebogen zur Mikronährstoffanalyse. Kostenlos. Vielleicht wollen Sie sich erst einen Überblick verschaffen, lesen quer, oder drucken sich den Fragebogen aus. Beantworten den Fragebogen. Sie können den Fragebogen auch online ausfüllen.

* Freiheit * Das Prinzip der Wahl

Hier erleben Sie nun tragende Kern-Werte von cuoreVita:
rigorose Individualität; daraus ergibt sich auch die Freiheit Ihrer Wahl; unsere Verpflichtung – getragen von Kompetenz – Ihnen das Allerbeste anzubieten.
Das bedeutet im Klartext:
Keiner Ihrer Schritte löst automatisch eine Kettenreaktion an Service-leistungen oder an Präparaten aus und damit an Kosten. Jeder einzelne Schritt bleibt übersichtlich und endet jedes Mal wieder bei einer Wahl, die Sie treffen.

Ein Beispiel:

Sie füllen den Fragebogen aus. Nun wählen Sie.

- Entweder: Sie können sich selbst ein Bild machen. Weil Sie vielleicht Arzt oder Heilpraktiker sind. Oder Sie kennen jemanden, mit dem Sie sich beraten.
- Oder aber Sie möchten mit dem Experten-Team der Humboldt-Apotheke weitergehen. Dann entstehen Ihnen Kosten. Sie mailen den Fragebogen an die Humboldt-Apotheke und bestimmen selbst, was Sie erhalten möchten:
  – beispielsweise nur eine minimierte Auswertung Ihres Fragebogens |1|;
  – oder Sie möchten zusätzliche Vorschläge für weitere Laboranalysen |2|.
- Nehmen Sie an, Sie wählten |2|. Dann erhalten Sie selbstverständlich fundierte Vorschläge für weitere Laboranalysen.

Und jetzt wieder: * Freiheit * Das Prinzip der Wahl.

- Sie haben selbst Wege und Möglichkeiten, die Laborwerte zu eruieren oder
- Sie gehen mit dem Experten-Team der Humoldt-Apotheke weiter und dieses macht mit Ihnen die Labortests.

Und so geht es dann weiter. Immer ein Schritt –
die Freiheit Ihrer Wahl – der nächste Schritt.

- Wenn Sie das möchten, bekommen Sie von der Humboldt-Apotheke haargenau jene Mittel, die Ihren Stoffwechsel ausgleichen. Mit einer präzisen Beschreibung, was Sie wann wie lange nehmen. Und mit einer Perspektive für Ihre Zukunft.
  Für Ihre gesunde Zukunft.

Fazit:

Sie bekommen die für Sie gemixten und abgestimmten Präparate direkt aus der Apotheke. Zu fairen Preisen. Kein Empfehlungsmarketing. Eine klare Sache hin und her. Und es ist das Versprechen von Ilse Kravack an sich selbst: Ihnen nur das Allerbeste zu geben.

Das ist ja ihr Brennen. Das ist ja ihre Leidenschaft. Das ist ja der Traum, den sie ins Leben rief. **Das ist der Geist ihrer Berufung.**

cuoreVita das Gesunde leben.

Die Plattform cuoreVita.net wächst und wird weiter wachsen. Es ist eine Galerie der Menschlichkeit geplant. Andere, die ebenfalls das Gesunde fördern, werden dort Bild und Stimme erhalten. Es soll weniger ein Netzwerk entstehen – sondern vor allem Begegnungen. Es sollen sichtbare und unterstützende Signale sein, die uns allen zeigen:

Ja. Ja es ist möglich.

Ja es ist möglich, das Gesunde zu wählen, das Gesunde aus uns selbst heraus auszudrücken, das Gesunde zu zeigen und das Gesunde anderen auch zukommen zu lassen.
Ich weiß mich im Einklang mit Ilse Kravack wenn ich den Anfang im Ende finde mit: Das Gesunde ist immer die Liebe. Jene Liebe, die das Ewigwährende in den Alltag hebt und anfassbar macht im Augenblick des Jetzt. Jenem Jetzt, das Sie jetzt in Händen halten.

Und wissen Sie was …?

Unsere Zellen sind intelligente Lebewesen. Unsere Gene sind die Bausteine des Lebens. Fähig und willens, Informationen aufzunehmen und stets bereit, sich zu wandeln. Sich dem Leben noch deutlicher hinzugeben.
Unsere Medizin ent-wickelt sich. Schält sich heraus aus dem Gefängnis der Materie und erkennt das energetische Feld der Information als bestimmende Kraft. Ich weiß schon, nicht alle sehen das so.
Doch ich schreibe ja für Sie! Sie wissen, was die Schamanen schon vor 5.000 Jahren wussten und was uns Quantenphysik und Epigenetik heute wieder bestätigen: Unser Körper besteht unter anderem aus Protein.
Signale – Wellen, Informationen – steuern das Protein.
Felder – lichtvolle Energiefelder – umgeben den materiellen Körper.
Die Blockierung dieser Lichtfelder löst sich auf durch gesunde Information.
Diese kommt aus Ihren Gedanken, Ihrem freudigen Fühlen und sie kann auch aus den zutiefst fördernden Informationen kommen, die Ihnen die Humboldt-Apotheke über die Plattform cuoreVita.net in Form von Vitalstoffen zusendet.
Auch Ihre Umgebung ist wichtig.

Gene sind eine Art Blaupause. Gene sind wie der Plan eines Architekten.
Der Plan selbst ist wie er ist. Wer kann den Plan verändern? Der Architekt.
Unsere Wahrnehmung kann jederzeit unsere Gene verändern. Sie tut es ohnehin. Doch wir können das auch sehr bewusst machen. Und damit halten wir die Verantwortung für Gesundheit wieder in unseren Händen.
In Ihren Händen! Denn so soll es sein.

Humboldt-Apotheke
Ilse Kravack
Voltastrasse 1
90459 Nürnberg
Deutschland

fon +49 911 4396509
fax +49 911 4396511

vitalstoffe@cuoreVita.net
www.cuoreVita.net

bernhard zemp
tempelhof uffikon

Langsam kühlte die Nacht die Hitze des Tages. Wir fuhren seit dem frühen Morgen auf den verlassenen Strassen des Südens. Lange Stunden ohne Traurigkeit. Ohne Langeweile. In erholsamen Schweigen. Ab und an unterbrochen von dem, was ich unter Gespräch verstehe.
Einen Austausch aus dem Herzen. In Kontakt mit dem anderen.
Der Mann direkt vor mir, am Fenster sitzend wie ich, schwieg praktisch während der gesamten Fahrt. Ab und an hielt er den Kopf nach hinten, weil ihn unsere Gespräche interessierten. Sanft banden wir ihn ein.
Sorgsam bedacht, seinen Rhythmus zu achten.

Weit nach Mitternacht kamen wir endlich an. Acht Menschen, Frauen und Männer. Wir kannten einander unterschiedlich. Einige sahen einander vorher noch nie. Andere wieder waren Freunde seit langem. Doch jetzt war es Zeit für den Schlaf. Ein runder Raum aus Ton gebaut, mit dichtem Teppich belegt und brennenden Leuchten, stand einladend offen. Wir waren in El Hamid. Einer gastlichen Oase am Rand der Sahara. Im tiefen Süden Marokkos.
November 2008.

Alle hatten wir unterwegs auf einem Markt Ganduras gekauft. „Gandura" ist ein Wort aus der Sprache der Tuareg und ist das, was die Araber „bubu" nennen, ein weites Obergewand, das bis zu den Knöcheln reicht. Wir kamen in Jeans an und begegneten einander am nächsten Tag beim Frühstück in unseren neuen, leuchtenden Gewändern. In strahlendem Blau oder schillerndem Weiß. Orientalisch verziert mit goldenen Fäden. Ich wusste nicht, was leuchtet mehr: Unsere lachenden Gesichter – oder die schier überirdische Farbenpracht unserer Gewänder. Auf dem Teppich lagen Tücher und darauf Schüsseln mit köstlichen Früchten, prallem Brot, frischer Butter und wundervollem Tee. Einem Tee, der direkt zu einer Liebesbeziehung führte. Wir waren hingerissen von diesem Tee. Süß und stark, unbestimmt und verführerisch wie die nahe Wüste.

Einer sah in dieser Gandura besonders köstlich aus. Ich konnte den Blick kaum von ihm wenden. Noch dazu redete er mit Händen und Füßen und war das Leben pur. Alle lauschten ihm hingerissen, also setzte ich mich dazu. Es war Bernhard. Ein Schweizer. Wir kannten einander nicht. Der Mann, der im Bus direkt vor mir saß.

„Er habe“, so hörte ich ihn sagen, einen Bauernhof in der Schweiz. „Aber keinen Bauernhof, wie ihr denkt. Sondern einen ganz anderen Bauernhof. Einen, wie ihr ihn bestimmt nicht denkt. Ganz bestimmt nicht. Niemals! Ich habe nämlich dort Bäume, die stehen mit dem Spitz im Boden und mit den Wurzeln in der Luft.
Habt ihr an so etwas gedacht?

Oder wir haben einen Garten, in dem stehen Sensen. Wisst ihr, was Sensen sind? Sensen sind Sicheln, die an einem langen Stiel stecken. Damit kann man das Gras mähen. Doch das tun wir nicht. Bei uns stehen diese Sensen im Garten. Doch nicht eine. Sondern viele. Sehr viele. Es ist ein großer, langer, breiter Garten. Ein Sensengarten. In einem Hügel. Wir haben den Stiel der Sensen in den Boden gesteckt. In eine Halterung. So, dass sich der Stock drehen kann. Und die Sicheln drehen sich mit. Mit dem Wind. Dadurch entsteht ein wundersamer Klang. Eine unvergleichliche Sinfonie aus dem feinen Schwingen der Sensen, die sich wie im Gleichschritt durch den Wind drehen. Hin und her. Wie der Wind, wenn er weht. Weit über das Land. Weit.
Und am Horizont die Alpen.

Oder wir haben einen Steg gebaut, einen Steg wie einen Bootssteg, mitten im Wald. Und zwar in einem richtig dichten Wald. Bei uns. Neben dem Hof. Da gehen die Menschen über die Wiese, beim Sensengarten vorbei in den Wald. Und dann auf diesen langen Steg. Habt ihr an so etwas gedacht, als ich von meinem Bauernhof begann zu erzählen? Da sehen die Gäste also im Wald diesen Steg. Diesen langen, schmalen Steg. Auf der einen Seite mit einem Geländer. Doch auf der anderen Seite ist kein Geländer. Sondern von da gehen, parallel zum langen Steg, alle paar Meter wiederum Stege weg. Diese führen dann direkt in den dichten Wald. Und jeweils am Ende von diesen vielen Stegen haben wir eine kleine Holzhütte gebaut. Könnt ich euch das vorstellen? Da ist also dieser lange, leicht brüchige Steg. Doch sicher. Das ist klar.

Sehr sicher. Schaut aber brüchig aus. Also gut – und rechts in den Wald hinein führen nun weitere Stege. Die Bäume verdecken die Sicht. Doch wenn ihr direkt vor so einem Seitensteg steht, seht ihr am Ende eine Hütte. Aus Holz. Von unserem Wald. Wenn ihr nun in diese Hütte hineingeht, dann seht ihr ein Fenster. Dieses ist verdeckt durch einen Vorhang. Und wenn du nun den Vorhang wegziehst, siehst du einen Monitor, der dir erklärt, was du draußen in der Natur siehst. Und was siehst du? Das, was wir dort hinbauten. Und was bauten wir hin? Natürlich etwas, das das Leben am Bauernhof und im Wald und auf dem Feld darstellt. Auf dem Monitor wird das dann erklärt.
Habt ihr an das gedacht, als ich von meinem Bauernhof sprach?"

Nach dem Frühstück vereinbarten wir,
dass ich über ihn und sein Projekt schreibe.

Doch in dem Moment damals freute ich mich darauf, mit den Dromedaren in die Wüste zu ziehen. Wir lernten die Berber kennen, die uns begleiteten. Mohamad, der Führer, sprach perfekt deutsch. Seine Frau Rita ist Deutsche und war mit uns. Alle wollten in der Wüste möglichst schweigen. Wir legten sogar einen Tag vollkommenen Schweigens ein. Denn wir kamen, um die Wüste auf uns wirken lassen. Begleitet von dem, was wirklich gesagt werden will. Doch gänzlich ohne Regeln. Nur kein Zwang. Keine Vereinbarungen außer dieser: Achtsamkeit. Jede und jeder für sich.

So zogen wir also hinaus in dieses Meer aus Sand. Bald versank die Silhouette von El Hamid und eine Welt, wie ich sie noch nie sah, schenkte sich uns. Diese Weite trank mich. Nahm mich unverzüglich mit in eine gedehnte Gegenwart. Ich hatte das Gefühl, der Bogen der Zeit vereint sich mit dieser Unendlichkeit. Einer Weite, die so voll war. So pracht-voll. Hier am Rande noch mit Wäldern aus Palmen. Mit wiegenden Kränzen aus Grün. Doch bald der endlose Garten aus Sand. Wir ritten auf den Dromedaren, die von Berbern geführt wurden. Diese gingen im langen Schritt, ihre kehlige Sprache unterstrich das Ferne und ihre Lieder, die sie oft und oft sangen, schmiegten sich in das Jetzt.

Irgendwann machten wir Pause. Die Berber nahmen mitgenommenes Holz und machten Feuer. Auf der Glut des Feuers kochte bittersüßer Tee.
„Drei Gläser werden jedem Gast gereicht," sagte Mohamad feierlich und lachte dabei auf die ihm eigene Art. Wir nannten ihn später Schelm.
„Drei Gläser. Das erste so bitter wie die Wahrheit.
Das zweite so stark wie die Liebe.
Das dritte so süß wie der Tod."

Unsere Karawane könnte nun weiterziehen und ich könnte über die Wüste schreiben. Und ich würde mich dabei verlieren, denn das ist das Geschenk der Wüste. Wir verlieren uns. In der Wüste. Um uns selbst zu finden.
Doch das steht in einem anderen Buch.

Die Karawane in diesem Buch zieht so weiter: „Du bist also Autor?“ „Ja“, sagte ich. „Ahh, das mag der Grund sein, weshalb du so viel schweigst. Autor – hat ganz viel mit Zuhören zu tun. Mit Lauschen. Mit Stille. Mit Wahrnehmen und Schauen. Mit Sehen“, besserte er nach. Neben mir ging Bernhard. Das war selten. Jeder ging oder ritt in seinem Tempo. Wir alle fanden unseren Rhythmus. Manchmal gingen wir in Gruppen, dann wieder zu zweit. Oftmals jede und jeder für sich. Ich werde hier nur die Gespräche mit Bernhard nachzeichnen. Nicht nur die in der Wüste. Auch jene in der Schweiz.

Bernhard ist ein erstaunlicher Mann. Einen, den ich buchstäblich bei jeder unser spärlichen, doch intensiven Begegnungen mehr und mehr schätzen lernte. Mehr noch. Wir wurden Gefährten. Seelenkameraden. Zeitgenossen. Wir sehen einander selten. So gut wie nie. Doch wir wissen umeinander.

So bin ich nun ein Diener des Lauschens. Schreibe für dieses Buch das, was Bernhard sagte. Allerdings in meinem Worten. Das ist der Deal. Das erspart die Aufteilung in direkte und indirekte Rede.

Bernhard über …

…über Erfolg:

Erfolg ist, wenn alles stimmt und ohne Dramen ist. Alles ist im Fluss. Erfolg kann man nicht definieren. Denn Erfolg ist nicht statisch. Erfolg fließt. Wenn Erfolg im Fluss ist, kann daraus nur Erfolg erfolgen. Das ist wie ein spirituelles Gesetz. Wir brauchen uns nur ausrichten auf Erfolg, uns in den Fluss des Erfolgs stellen und mit dem Fluss mitfließen.
Dann sind wir in der Energie des Erfolgs. Eingebettet!

…über Absicht:

Hinzu kommt die Absicht. Das ist der Motor. Diese Absicht schickt den Schöpfungsgedanken los. Der Schöpfungsgedanke will sich manifestieren. Daher bin ich aufmerksam, was ich denke. Was ich wünsche.

...über Handeln:

So bin ich gleichzeitig das Werkzeug dieses Schöpfungsgedankens. Ich kann und darf handeln. Ich wähle und schicke los. Das hat die Konsequenz, dass ich vertraue und auch die Verantwortung übernehme. Und selbstverständlich auch handle.

...über Verantwortung:

Irgendwann übernahm ich die Verantwortung für alles. Das führte mich nicht immer zum Erfolg. Denn ich übernahm dadurch einfach zu viel Verantwortung. Ich lernte: Ich muss nicht jeden Mantel anziehen.
Fremde Probleme zu übernehmen ist Diebstahl.

...über seinen Auftrag:

Was ist mein Auftrag? Mit den Jahren erkannte ich: Ich habe keinen Auftrag! Es genügt, einfach zu sein, was ich bin. „Ich bin ich." Das genügt.

...über Freiheit:

Freiheit ist ein Seelenzustand, auf den der Mensch Anspruch hat.
Voraussetzung ist, dass er das bewusst wählt. Der springende Punkt ist:
Ich muss Freiheit wählen. So richtig gewählt habe ich das erst, als ich etwa 47 Jahre alt war. Freiheit ist ja immer da, doch sie wird erst durch meine bewusste Wahl aktiviert.

...über Manifestation:

Als ich meine Gedanken bewusst wählte und auf ein Ergebnis ausrichtete, dann dieses Ergebnis auch schriftlich formulierte, konnte ich beobachten und erleben, wie sich dieser Gedanke in die Realität hinein manifestiert.
Es kommt hinzu: Es ist so einfach!
So entstand 2003 das KKL_Uffikon. Ich gewann den Innovationspreis der Schweiz für den Williams-Wein. Erfand einen Tischgrill mit Teelichtern. Klein. Steht direkt vor deinem Teller... Ja, und so wird 2009 ein Säulentempel entstehen. Mit 99 Säulen aus Beton. Auf den Seiten offen. Oben ein Dach. Das ist das neue Wahrzeichen. Es ist möglicherweise die größte Kunst-Skulptur der Schweiz. |Anmerkung: Dieser Tempel wurde am 12. April 09 – zu Ostern – eröffnet. Das KKL wurde zum Tempelhof umgetauft.|

Im Sommer 2009 wurde die **„Freie Akademie Uffikon"** gegründet mit geplanten 72 Veranstaltungen im Jahr. Veranstaltungen, die zu diesem Gesamtkunstwerk passen und einen nährenden Bogen bilden aus Kreativität, Spiritualität und Praxis. Ein Feuerwerk der Inspiration.

…über Inszenierungen:

Wir inszenieren selbst wenig. Es kann inszeniert werden. Der gesamte Betrieb ist die Bühne. Bei uns veranstalten Firmen, Organisatoren, Künstler … Veranstaltungen. Wir stellen die Bühne. Und lassen ES geschehen. Wir wollen, dass die Besucher glücklich nach Hause gehen, weil sie sich selbst etwas mehr gefunden und gespürt haben. Es ist eine Erinnerung an uns selbst. Denn wir sind ein „seltenhafter" Betrieb.
Und jeder Mensch ist ebenfalls sehr „seltenhaft".

…über seinen Traum:

Ich habe schon als Bub davon geträumt, dass jene Menschen, die zu uns auf den Bauernhof kommen, Eintritt bezahlen. Das habe ich dann vergessen. Heute kommen im Jahr Tausende und Abertausende Menschen und: bezahlen Eintritt.

…über Wahrnehmung:

Ich gehe nicht in mich. Ich mache keine Meditation. Meine größte Wonne ist, nicht zu denken, sondern wahrzunehmen. Wahrzunehmen, was ist und was sein könnte. Neue Projekte gehen immer über die Wahrnehmung. Denken kann und soll Kontrolle sein, ist jedoch nie Ursprung von etwas Neuem. Alles Neue kommt aus dem Herzen.

…über Wissen:

Konnte als Kind nicht verstehen, warum ich zur Schule soll. Ich habe im herkömmlichen Sinn nichts gelernt. Mein Großvater und meine Eltern hatten viel Verständnis für mich. Im Anfang fehlte mir das Wissen sehr. Ich habe am Bauernhof alles nach dem Gefühl gemacht. Da lag ich bei manchen Dingen arg daneben. Wir sind finanziell abgestürzt. Heute verstehe ich Schule als Weitergabe von Wissen und Erfahrung. Später wurde ich aufmerksamer und entwickelte eine empfindlichere Wahrnehmung.

Bernhard Zemp…

wurde als drittes Kind 1958 auf einem Bauernhof in Uffikon, Schweiz, geboren. Kanton Luzern. Auf dem Hof seiner Eltern. Mit 20 durfte er den Betrieb führen. Zunächst wie einen Bauernhof. Dann tat er sich mit dem Künstler WETZ zusammen. WETZ ist sehr bekannt in der Schweiz. Ebenso wie der Tempelhof Uffikon.

Bernhard zieht es immer wieder in die Wüste. Er bietet sogar eigene Reisen an. Denn: „In der Wüste lerne ich, meine Seelenanteile in mir zu integrieren.

Wenn sich viele Seelenanteile in meinem Körper manifestieren – behaupte ich – werden wir körperlich unsterblich. Dann können wir wählen, ob der Körper sterben oder sich einfach auflösen soll. Doch das ist wirklich eine andere Geschichte…"

Ja, denn die Wüste selbst ist eine einzige Geschichte.
Eine Geschichte jenseits von Worten.
Man muss sie leben.

Bernhard Zemp
Tempelhof
6253 Uffikon
Schweiz

tel +41 62 756 20 27

info@tempelhof-uffikon.ch
www.tempelhof-uffikon.ch

CENTRAL
sport vital hotel und mehr
helmut kreidl

An diesem Punkt unserer Reise lade ich Sie ein, Platz zu nehmen. Lassen Sie uns gemeinsam über Beruf und Berufung sprechen. Und was könnte da angenehmer sein als ein gediegenes Hotel?

Eine Oase in den Bergen.

Das CENTRAL ist einerseits so, wie wir uns ein gut geführtes 4-Sterne-Hotel in einem der attraktivsten Tourismusgebiete Tirols/Österreich vorstellen: viel Holz, edel renoviert, komfortabel, einer Badelandschaft im Haus – auf die Geschmacksrichtung der Gäste im Tuxertal ausgerichtet.
Anderseits könnte auch eine verblüffende Wende auf Sie warten.
Wer weiß?

Machen wir uns zu Beginn etwas vertraut mit der Umgebung.

Der Ort Tux zieht sich gedehnt durch das Tal. Auf etwa 10 km verteilt stehen die Häuser. Dichter und entfernter. Das Tuxertal ist ein Hochtal hinter dem gut besuchten und viel besungenem Zillertal.

Der Olperer, ein mächtiger Steinriese mit fast 3.500 m, überragt alle anderen Berge. Die Gletscher hier laden zum Skilauf über das ganze Jahr hinweg und die Einheimischen halten die Sagen und Geschichten wach und erzählen den Gästen die schaurigen Ereignisse rund um den „Tuxer Riesen", von der „Frauenwand" und vielem anderen, was die Gäste wundert, unterhaltet und erstaunt.

In die Landschaft eingewoben ist der Rhythmus einer zauberhaften Spannung. Diese zeigt sich als Formenreichtum und durch unterschiedliche Gesteinsarten. So wechseln sich im Spiel lange Steinwände aus Gneis und Granit mit Tonschieferfelsen und sanften Sonnenhängen ab.

Das Tuxertal

Tux liegt auf etwa 1.300 m, wobei die höchsten, ganzjährig bewohnten Bergbauernhöfe auf über 1.600 m liegen. Das Tuxertal in seiner Gesamtheit ist ein betörend schönes Ski- und Wandergebiet.

Das Hotel Central liegt zentral.

Das war der Grund für den Namen. Die Eltern der Brüder Helmut und Norbert Kreidl erkannten Mitte der 1960er Jahre die Chance des beginnenden Tourismus. Vater Alois, Bauer und Schuhmachermeister und Mutter Elsa, eine geschickte Schneiderin, schufen das „Central" – damals als Kegelstube mit drei Bahnen und einer Ausschank. Fleißig, wie die beiden heute noch sind, bauten sie daraus 1988 das 4****Hotel Central.
Vor ein paar Jahren wurde das Haus gründlich renoviert, auf 120 Betten und einer Wellnessanlage mit Themensaunen, Schwimmbad, Massagen und Entspannungszonen erweitert. Und einem Programm, das Sie in Tux möglicherweise nicht erwartet hätten …

Die Küche

Norbert ist zuständig für die Küche. Es gibt zwei Küchenlinien. Eine ist international mit lokalem Bezug. Ein guter Mix. Über die zweite Linie möchte ich ein paar Worte sagen. Diese orientiert sich an der „natürlichen Gesundheitslehre". Das bedeutet: kein Kalorien zählen, keine zusätzlichen Pülverchen, vor allem keinen Hunger. Fasten ist verpönt. Es geht darum, den Stoffwechsel sehr geschickt und intensiv in Schwung zu halten.

Damit das gelingt, essen Sie viel Obst, viel Gemüse, trinken häufig Wasser.
Legen sozusagen immer wieder Holz auf das Feuer Ihres Stoffwechsels.

Es ist eine kluge Mischung aus etwa 30 % konzentrierter und etwa 70 % wasserhaltiger Nahrung. Sie können leicht und ohne das Gefühl von Verzicht in der Woche zwei/drei Kilo abnehmen, so Sie das möchten. Das Central bietet auch eine Möglichkeit, Ihren Stoffwechsel im Hotel zu testen.
Was mir an dem Ess-Konzept des Hauses gefällt ist das Freie und Unangestrengte. Sie wählen einfach das, wonach Ihnen im Urlaub der Sinn steht und so ist es dann.
Gut, oder?

Atem • Meditation • Wanderung

Helmut Kreidl, den älteren der beiden Brüder, kenne ich seit vielen Jahren, freue mich über seinen Weg und über den Unterschied, den er und Norbert mit dem Hotel machen.
Helmut ist inspiriert von Yogananda, dessen Bücher und Schriften er seit 1984 kennt und dessen „**Energie-Aufladungsübungen**" er seit Jahren praktiziert. Wir leben heute sehr aus dem Verstand und haben das Denken glorifiziert.
Die alte Art zu leben war – aus dem Herzen zu leben.

Das Herz wurde als die „geheime Kammer“ verstanden, durch die der Lebensatem fließt. Für viele Mystiker und Weltenlehrer wie für die indigenen Völker ist das Herz jener Ort, in dem sich das Universelle mit dem Individuellen trifft. Magie ist die durch uns hindurch strömende Lebenskraft. Wenn wir aus dem Herzen leben, so verbinden wir uns auf ebenso einfache wie natürliche Art mit dieser Kraft. Herz und höherer Verstand – Intuition genannt – wirken zusammen und formen ein gut gelebtes Leben.

Für Gäste, die das möchten, bietet Helmut Energie-Übungen ebenso an wie diverse Meditationen und Praktiken, die ein Leben aus dem Herzen auf die „alte Art“ erleichtern. Im Haus gibt es einen speziellen Raum der Stille. Und wer möchte, kann diese Stille auch auf Wanderungen mitnehmen und vertiefen, die Helmut sehr erfahren führt.

Beruf und Berufung

Helmut Kreidl ist in Tux geboren. Er wuchs in dieses Hotel hinein, das er heute gemeinsam mit seinem Bruder Norbert leitet. Dies ist sein Beruf und auch seine Berufung. Wenig spektakulär, wie es scheint. Er liebt es zu wandern. Mit seinen Gästen. Und auch allein. **Dieses tiefe Eintauchen in die Natur machte ihn offen auch für schamanisches Gedankengut.** Er studierte auf seine Art die Weisheiten indigener Völker Nord- und Südamerikas und lernte. Und lernt und lernt … aus der Mitte zu leben. Freude.

Helmut ist ein in sich ruhender genügsamer Mann. Lange Reden sind nicht sein Ding. Doch überaus beredt und erhaben ist seine Bezogenheit zur Natur. Zu deren Kräften, deren Formenspiel, deren Weisheit. Er lauscht den Nuancen des Windes, ergötzt sich am Spiel der Wolken und des Lichts, verbindet sich mit Mutter Erde und Vater Himmel. Wenn wir über Berufung reden, dann meinen wir meist etwas Fernes oder etwas tief in uns schlummerndes. Helmut ist ein gutes Beispiel dafür, dass sich Berufung ausdrückt in dem, was wir im Alltag tun. Mit dem Herzen tun. Und auf gute Art „einfach-tun“.

Eine schamanische Wanderung. Im Tuxertal.

Da Helmut so ist wie er ist, schlossen wir diesen Pakt: Er erzählte, zeigte mir Bilder und überließ es mir, daraus eine „schamanische Wanderung“ zu machen. So verband ich mich also mit dem leuchtenden Feld der Schamanen und was ich mitbringe zeige ich schreibend.

Begleiten Sie Helmut und mich?
Gemeinsam leuchten die Fackeln des Staunens heller.

Eine schamanische Pirsch beginnt immer mit den drei heiligen A.
Aufmerksamkeit. Ausrichtung. Absicht. Das Geheimnis des Beabsichtigens lädt die zweite Aufmerksamkeit ein. Das energetische Sehen sieht das Licht. Und damit das Walten der Unendlichkeit.

Es ist eine Pirsch zum Licht und nicht ein Jagen des Wildes. Symbole sind ein Mittel, um unsere innere Landschaft zu verstehen. Genau wie es eine Sonne im Außen gibt, so gibt es auch eine Sonne im Inneren. Bevor wir nicht das innere Licht und seine Quelle kennen, leben wir in Dunkelheit.
Dieses Licht können wir nur erfassen, wenn wir den Schatten verstehen. Eine schamanische Pirsch umarmt irgendwann immer den Schatten. Und findet in ihm den Zauber, das Wunder. Heilung, Macht und Einsicht.

Ja, tiefes Erkennen und ein Zuwachs an Ermächtigung erwarten dich im rauchigen Spiegel der Schattenweisheit. **Schatten sind die ungesehenen Gesichter des Lichts.** Verstehe – unerledigte Angelegenheiten, offene Zyklen, Ängste, Zweifel…
Räume, in denen der Hader sitzt und auf das Licht der Vergebung wartet.

Öffnet sich die Tür, zeigt sich die konkrete Fährte.

Schamanisch zu träumen bedeutet: Mehr wahrzunehmen, als wir für möglich halten. Meister-Schamanen haben die Ansicht, dass sich Bänder des Sonnenlichts um Baumstämme und Äste wickeln, während die Erde um die Sonne kreist. Und in den Stämmen selbst nistet das Licht.
Was bedeutet schamanisch träumen?

Die Pirsch des Schamanen ist des Abenteurers Suche. Irgendwann öffnen sich die Ebenen zum Hologramm des Einen. Und du siehst im einen das andere.

Doch in allem das Wasser des Lichts und …

… die Zartheit des Herzens in

der Schönheit des Moments.

Auch den Riss im Zeitgefüge in der Ewigkeit des Jetzt.

An anderer Stelle werde ich darüber berichten, wie Schamanen ihre Linse wählen. Das ist die jeweilige Art, auf das Leben zu schauen.

Hier endet unsere erste gemeinsame Pirsch und ich vertraue Ihnen an: Helmut Kreidl wählte die Meisterlinse von Paul Sürth, Naturfotograf, Hippach. www.paul-suerth.at. Es ist mir eine große Ehre, diese Fotos zeigen zu dürfen. Danke Paul. Danke Helmut.

Lassen Sie uns einen letzten Blick werfen aus der Sicht des Adlers. Nur so begreifst du die Sphäre der Träume und erfasst sie als reale Ereignisse. Denn Träumen ist ein Prozess des Erwachens.

Ich könnte Ihnen noch stundenlang Fotos um Fotos zeigen. Helmut sagt in seiner ruhigen Art: „Lass uns ein Ende finden". Gut. Möglicherweise begegnen wir ja einander im CENTRAL.

Jedenfalls dort, wo Vater Himmel Mutter Erde berührt.

Sport Vital Hotel Central
Lanersbach 433
6293 Tux - Zillertal
Austria

tel +43 5287 85040

www.vital-central.at
info@vital-central.at

Widmung

„Erfolg ist menschlich“
soll ein schriftliches Zeugnis sein, das die Multidimensionalität,
die grandiose Vielschichtigkeit unseres Lebens würdigt.
Und zwar deutlich ausgerichtet auf das Berufsfeld.
Das Buch soll ein hörbarer Klang des Mutes sein um Ihnen – um dir – zu zeigen:
„Ja. Ja, es ist möglich!“

Ja, es ist möglich,
den vollen Bogen des Lebens zu würdigen, zu umarmen und auszudrücken.
Und es soll ein Fährbuch sein,
das durch strahlende – und vor allem durch nahe – Beispiele lehrt.
Es ging mir weder um Welterfolge noch um Sensationen,
sondern um die gelebte Courage, seinem inneren Ruf zu folgen.
Und
ich wollte „Strickmuster“ weben, ein Füllhorn der Praxis bieten,
um zu zeigen:
‚Ah, so also webt sich das Muster aus Erfolg und Spirit.‘
Was zählt, ist die Stimmigkeit des Moments,
die sich an der inneren Wahrheit des Betreffenden orientiert.
In diesem Tanz erweist sich Synchronizität als unser höchstes Glück.
Es fällt uns zu, wenn wir offen und im Vertrauen sind, durch verschiedene Lupen
schauen, lauschen und handeln.

Eine Herausforderung für uns alle ist,
unsere vier großen sozialen Systeme
– Wirtschaft, Politik, Gesundheit, Bildung –
mit Weisheit, Mitgefühl und Freude
zu durchfluten.

Dieses Buch ruft zu einem Wettspiel der Ideen.

musikerseiten.de
till und björn

Till Schumann und Björn Großmann sind junge Männer. Freunde. Beide um die 30. Beide verheiratet. Beide verstehen sich als Unternehmer im Sinne des Entrepreneurs.

Till ist Countertenor, studierte Musik und ist professionell eingetaucht in die Welt der Grafik und des Webdesigns. Björn ist diplomierter Mathematiker und hat sich auf kreative Softwareentwicklung spezialisiert. Beide miteinander sind angetreten, um Musikern zu dienen.
Genau diese Worte verwenden die beiden: zu dienen.

Till: „Als ich im September 2008 Dein Buch „So schön kann Wirtschaft sein" in die Hände bekam, reifte in mir eine schöne Idee...
Musik; Musiker; Musikerseiten."

„Da ich als Sänger häufig mit anderen freiberuflichen Musikern zusammen war, wusste ich um den Wert einer eigenen Webseite, mit deren Hilfe man sich Veranstaltern und Agenturen gegenüber darstellen kann. In meinem Kollegenkreis gab es zum meinem Erstaunen allerdings kaum jemanden, der diesen Vorteil nutzte. Ich fragte nach, und bekam hauptsächlich zwei Antworten: Erstens sei es zu teuer, eine Homepage professionell entwickeln zu lassen und zweitens sei es nicht möglich, die Inhalte aktuell, zeitnah und flexibel selbst zu ändern.
Schlagartig wurde mir klar: Dieses Problem kann ich lösen! Ich beschloss, für meine Musikerfreunde ein System zu entwickeln, das es ihnen ermöglichen würde, die volle Autorenschaft über ihre Webseite zu behalten. Sie sollten auch ohne technische Vorkenntnisse in der Lage sein, ihre Texte zu ändern, Termine zu aktualisieren, Audio-Beispiele hochzuladen und Künstlerportraits bereit zu stellen. Und das ganze sollte nur einen Bruchteil dessen kosten, was konventionell für die Entwicklung einer Homepage zu veranschlagen wäre."

Björn: „Ich erinnere mich noch gut: Till rief an, um von seiner Musikerseiten-Idee zu erzählen. Noch bevor ich Details gehört hatte, spürte ich innerlich schon ein großes „Ja". Und als ich tiefer in das Projekt eintauchte, wurde das „Ja" immer größer. Sofort sprudelten die Ideen.
Ich wusste, dass ich mit Till sehr effizient und „neu" zusammenarbeiten konnte. Schon mein einige Monate zuvor vollzogener Schritt in die Selbständigkeit war für mich bedeutsam gewesen – ein Schritt raus aus einem starren Gefüge von Regeln und ängstlich in „Sicherheit" verharrender Kollegen. Hinein in ein Fließen und in Lebendigkeit; in meine Größe.

Mit dem Umsetzen der „Musikerseiten" betreten wir einen noch freieren Raum. Jetzt dienen wir der Manifestation von etwas Größerem. Niemand mehr, der uns Vorstellungen diktiert. Statt dessen meditieren wir und bringen einfach das zum Entstehen, was ausgedrückt werden will. Die Arbeit macht viel Freude, immer wieder, und diese Freude wird auch immer mehr Musiker ergreifen; ja, und sie ist als Vorfreude schon spürbar bei jenen, denen wir von dem Projekt erzählen. Freude passt gut zu dem, was Musik eigentlich ist und zu der so wichtigen Aufgabe, die Musiker haben: Etwas Göttliches erlebbar zu machen, von dem zu sprechen wir nicht in der Lage wären."

musikerseiten.de ist eine extrem service-orientierte Plattform.
Mit sehr gutem Blick ausgerichtet auf das, was Musiker und jene, die Musiker engagieren wollen, unterstützt.
Jede Musikerin, jeder Musiker kann:

- selbst seine Vita einstellen und sich präsentieren
- mit Audios und Videos
- Die Seite bietet eine sinnhafte Terminverwaltung und viele andere nützliche Funktionen.

Auf wundervolle Weise kann sich über diese Plattform ein „Orchester" finden und selbstverständlich gibt es auch Verbindungen zu Agenturen, Konzertveranstaltern, zur Presse, zu CD- und DVD-Herstellern, zu Ton- und Filmstudios, zu Fotografen, zu Musik-Managern und und und.

Das gesamte Potpourri von Musik und Musikern – wächst in einem evolutionären, offenen Werden prozesshaft weiter und immer weiter. Welch grandioses Konzert.

Wenn Sie Musiker sind und das Angebot von Musikerseiten ausprobieren wollen, wählen Sie diesen Zugang:

musikerseiten.de/erfolg-ist-menschlich

Sie erhalten als Leser – als Leserin – dieses Buches 10 % Rabatt. Freude.

musikerseiten.de

till und björn luden mich ein, zum ausklang ein paar gedanken zu musik zu schreiben...

Der Ton dieses Buches ist die Berufung.

Das ist der Klang, der durch jede Seite weht. Von der ersten Zeile bis zum letzten Punkt. So verschieden dieser Ruf ist, so einzigartig sich dieser ausdrückt, die Quelle ist überall die gleiche. Es ist das Herz. Hier gründet der Ton – und von dort fließt er hinaus in die Welt.

Als Ausdruck. Als ureigener, selbstgewählter Ausdruck.

Als Ausdruck unseres Lebens.

Wie immer dieser Ausdruck aussieht –

es ist immer eine Form der Musik.

Musik ist die sprachlose Sprache, die alle Menschen dieser Erde eint. Musik berührt uns am tiefsten Punkt unserer Seele. Musik bringt uns mit dem Leben selbst in Kontakt. Es ist Musik, die uns tanzen lässt, die uns zu Sinfonien vereint, die uns gemeinsam in Chören singen lässt. Die uns den Blues in die Adern zieht oder uns weinen lässt mit den Melodien der Trauer. Ahh, diese Musik.

Es ist die Weltenseele, die schwingt.

Es ist das sanfte, so zärtliche Klingen der Erinnerung, das uns heimruft. Das uns er-innert. Ins Innere lockt.

Sammasati – erinnere dich! Nada Brahma – ja, denn nichts anderes als Klang ist dieser Kosmos.

Ist dieses himmlisch-erdige Universum.

Und Gaia, unsere Mutter, ist ein einziges, großes Instrument.

Es sind die Klänge,

die sich in den heiligen Sprachen brechen und verdichten zur Form. Denn am Anfang war das Wort, und das Wort war bei Gott, und das Wort war Gott. Schöpfung, wie wir sie kennen, existiert auf den Wellen von Klangschwingung. Das Wort ist die Musik, ist die Note, die Licht bildet und jene Realität formt, die wir erfahren. Jeder Teil der Schöpfung, vom unbegreiflich kleinen subatomaren Teilchen bis hin zu den unvorstellbaren Weiten aus Milliarden von Galaxien, hat einen Namen. Dieser Name klingt. Dieser Name schwingt.

Schwingt auf einer bestimmten Frequenz.
Wir hören diese Schwingung und nennen sie: Musik.
Und wir sehen diese Schwingung und nennen sie:
Form.

Der innerste Kern, die tiefste Botschaft von
Musik ist Freiheit.

Musik befreit uns von Urteil.
Musik ist die hörbare Einladung zur Hingabe.
Wer gibt sich hin?
Unser Verstand gibt sich hin.
Der mentale Schleier schiebt sich zur Seite und gibt den Tönen,
den Klängen, den Melodien, dem Herzen – Raum.
Wir können das mit fast jeder Art von Musik erleben.
Wenn wir singen, sind wir in einer anderen Ebene.

Noch deutlicher, noch klarer und rigoroser gesagt:
Musik öffnet die Tür in unser Herz.

Öffnet sich die Tür in unser Herz nicht, so hören wir nicht Musik.
Dann hören wir Geräusche; oder wir sind unbewusst,
lassen das Radio im Hintergrund plärren oder uns einlullen
von beliebigen Geräuschkulissen; oder ?

Wann immer wir Musik hören – bewusst und wach – öffnet
sich uns das Mysterium der Freiheit. Wir beginnen zu singen.
Innerlich. Manchmal auch im Außen. Wir pfeifen, trällern unsere
Lieder, sind beschwingt. Es kann ein Schlager sein oder
die Musik Beethovens. Das ist nicht wichtig.
Denn Musik – Musik in diesem Verständnis – öffnet immer den
alchimistischen Raum zum Herzen und das alleine genügt.
Denn das verwandelt uns.
Das verbindet uns mit der permanenten Transformation
des Lebens und wir lassen uns von der Veränderung
verändern. Fließen mit, wie die Musik weiterzieht.
Von Instrument zu Instrument, vom Sänger zur Sängerin zum Chor.
Zum großen WIR. Zum Konzert mit den Sternen,
den Pflanzen, dem Holz, den Steinen.
Der Erde. Dem Kosmos.

Musik ist der Kuss der Seele.

Wie im Himmel – so weitet Musik unser Leben –
um stets punktgenau im Jetzt zu landen!
In jenem Jetzt, das JETZT ist. Wie erstaunlich.
Wie erhaben. Wie einfach.
Soooo nah.

Musiker – aus aller Welt und aus allen Ländern – vereinigt euch.

Die ersten Musiker – die Pioniere – haben ursprünglich gar nicht versucht, Musik zu machen. Sie suchten einen Weg, um die Stille, die Schönheit, die Sanftheit zu vermitteln, die im Geschenk des Daseins liegt. Für die meisten Musiker ist der Klang wichtig, doch für die Meister unter ihnen ist die Stille wichtig. Ein Meister lässt den Ton hoch aufsteigen und dann so plötzlich verstummen, dass man in tiefe Stille fällt. Und damit ins Herz.

musikerseiten.de/erfolg-ist-menschlich

PS.: Das Leben ist zu kurz, um nur unter der Dusche zu singen.

die karten auf den tisch... jwala und karl gamper

Leere Seiten. Einfach anfangen.

„Leere Seiten, einfach anfangen" – dieses Sign von Jwala hat mich während der vergangenen Wochen täglich begleitet. Das leere Blatt ist der Bildschirm. Ich durfte erleben, wie sich Seite um Seite dieses Buches füllte. Nun sind wir am Ende einer Reise angekommen, die für Sie möglicherweise der Beginn ist.

Das Buch-Cover liegt schon ausgedruckt neben mir und in wenigen Tagen beginnt die Produktion. Wie immer, habe ich mich mit Jwala ausgetauscht und gemeinsam wählten wir die Form. Diesmal: Ich schreibe dieses Kapitel – und sie lässt danach meine Komposition auf sich wirken. Erst wenn es auch für sie zu 100 Prozent stimmig ist, geben wir den Text frei.
Stimmigkeit ist der durchgehende Klang dieses Buches. Und Sie haben ein Recht darauf, zu erfahren, was mich das sagen lässt.

Die Idee

Die Idee zu diesem Buch wurde mir geschenkt. Wie so vieles – möchte ich einfügen. Es war im Mai 2008. Wir waren Gäste im „Weißen Haus" bei Silvia und Karl Hacker. Aus diesem Abend heraus haben sich die Konturen zu diesem Projekt geformt. Dieses Buch – in seiner Gesamtheit – ist eine Antwort auf mein inneres Brennen. Nämlich einen Beitrag zu geben für die Kunst der Manifestation. Oder noch tiefer gesagt: Mit dem Leben selbst zu kooperieren und aus einer gelebten Stimmigkeit heraus zu wirken.

Jeder einzelne Beitrag sollte so stimmig wie menschenmöglich sein.
Daher wählte ich diese Form:
1. Ich habe nachgespürt, wie viele Firmen ich porträtieren will. Mein erstes Bild waren 12. Ursprünglich hatte ich also ein um die Hälfte dünneres Buch im Kopf. Doch die Dynamik des Lebens hat uns regelrecht zu 24 hingeweht.

2. Wichtig war mir, während des gesamten Prozesses ein delikates Gleichgewicht zu halten. Einerseits mit dem Fokus, „das Buch erscheint

im Herbst 2009" – anderseits galt es, das Bild in seiner eigenen Geschwindigkeit – frei von Anhaftung und doch ausgerichtet – in unsere dreidimensionale Realität hinein zu beobachten.
Und analog und adäquat dazu zu handeln.

Ich will Ihnen anvertrauen, dass mich in diesem Werden die Signs von Jwala oft und oft begleitet haben.

Jwala selbst schrieb während dieser Zeit ihr erstes Buch: „Fingerzeige". Mit kurzen, rigoros verbindlichen Worten öffnet sie mit ihren Texten die Pforten in die Multidimensionalität unseres Seins. Auf mich wirken ihre verdichteten Beiträge wie Sutren – allerdings im Geist, in der Form und im Verständnis des beginnenden 3. Jahrtausends. Im Nachwort ihres Buches schrieb ich: „Für mich sind die Sign-Karten meiner Liebsten ein Erfolgsfächer für ein gut gelebtes Leben." Und das stimmt für mich absolut.

3. Um Stimmigkeit in diesem Buch-Projekt zu „institutionalisieren" – traf ich mit ausnahmslos allen Partnern folgende Vereinbarung:

- Ich porträtiere als Autor ihre Arbeit und ihr Unternehmen; in meiner Sprache und aus meiner Sicht.
- Die Schwingung, in der ich das tue, ist die Frequenz der Freude in der Haltung der Wertschätzung.
- Als Gegenleistung vereinbarten wir eine konkrete Unterstützung beim Vertrieb dieses Buches.

Nur wenn das für beide Seiten zu 100 Prozent stimmig war,
gingen wir gemeinsam weiter.

- Im nächsten Schritt gab es persönliche Treffen; über mehrere Tage. Meist im Claudiaschlössl in Tirol.[01]
- Danach kam die Phase des Schreibens. Jeden einzelnen Beitrag spielte ich meinen Partnern zu und wir nahmen – um Karl Hacker zu zitieren – die Feinmechaniker-Feile und bei manchen auch noch das glatte Ledertuch, um die Texte abzustimmen und zu polieren.
  So lange, bis wiederum ausnahmslos alle ein leuchtendes Ja hatten.
- Wobei meine erste Ansprechpartnerin immer Jwala war. Erst danach gab ich die Texte weiter.
- Die Texte, die Sie in diesem Buch lesen, sind zu 100 Prozent stimmig zwischen unseren Partnern und mir als Autor; wobei wir alle miteinander stets auch den Blick auf die Leser hatten.

Unsere Widmung für dieses Projekt:

„Erfolg ist menschlich" soll ein schriftliches Zeugnis sein, das die Multidimensionalität, die grandiose Vielschichtigkeit unseres Lebens würdigt. Und zwar deutlich ausgerichtet auf das Berufsfeld. Das Buch soll ein hörbarer Klang des Mutes sein um Ihnen – um dir – zu zeigen: „Ja. Ja, es ist möglich!" Ja, es ist möglich, den vollen Bogen des Lebens zu würdigen, zu umarmen und auszudrücken.

Und es soll ein Fährbuch sein, das durch strahlende – und vor allem durch nahe – Beispiele lehrt. Es ging mir weder um Welterfolge noch um Sensationen, sondern um die gelebte Courage, seinem inneren Ruf zu folgen. Und ich wollte „Strickmuster" weben, ein Füllhorn der Praxis bieten, um zu zeigen: ‚Ah, so also webt sich das Muster aus Erfolg und Spirit.' Was zählt, ist die Stimmigkeit des Moments, die sich an der inneren Wahrheit des Betreffenden orientiert.

In diesem Tanz erweist sich Synchronizität als unser höchstes Glück. Es fällt uns zu, wenn wir offen und im Vertrauen sind, durch verschiedene Lupen schauen, lauschen und handeln.

Wie kam es zu diesen 24?

Ich weiß es nicht – das ist die wahrhaftigste Antwort. Im Rückblick sehe ich, dass ich immer Impulsen nachging. Über die Jahre habe ich mir eine luzide Wahrnehmung antrainiert. Das ist ein Ahnen. Ein Spüren. Buddha sagte, es gibt 17 Kreise vor dem, was wir als „Bewusstheit" verstehen. Als Beispiel nannte er einen Mann, der unter einem Baum schläft. Vom Baum fällt eine Frucht. Der Schläfer wird wach. Schaut sich um. Kann keine Veränderung erkennen. Doch der luzide Aspekt weckte den Mann.

Und so war es bei mir: Es gab Zeiten zu Beginn dieses Projektes, da war ich dermaßen mit anderen Dingen voll, dass ich dieses Buch nicht im Alltagsfokus hatte. Plötzlich waren wir 7 und wie aus dem Nirgendwo tauchten mehr Menschen und Möglichkeiten auf. Nun richtete ich mich sehr viel konkreter aus. Ich lauschte auf Impulse und ging diesen sofort nach. So authentisch, frei und unangestrengt wie irgend möglich. Ich habe hingespürt, wem ich dieses Angebot mache und ob ich auch Freude daran habe, mich intensiv mit dem Feld dieser Firma zu beschäftigen. Vor allem: Welche Botschaft liegt darin für die Leser? Bei 24 machten wir gewissermaßen einen Punkt. Von dort aus blickten Jwala und ich konkret auf Zeit, Ort, Tag und Stunde, wo wir allen Partnern das fertige Buch präsentieren. **Und natürlich darüber hinaus …**

Mein innerer Radar – oder auf den Spuren von „Wolle, was komme".

Im Oktober 2007 war ich eingeladen, zwei Mal auf dem Bleep-Kongress in Berlin zu sprechen. Da ich zwei Mal leicht inflationär fand, schlug ich dem Veranstalter vor, einen Vormittag zu moderieren und Samstag abends einen Film über meine Arbeit zu zeigen. Im Verbund mit Jwala.

Thema:
Die Kunst der Manifestation. Titel des Films: „Wolle, was komme".
Was ich nicht ahnte war, dass ich bis zum heutigen Tag Schüler und Forscher, Lehrer und staunender Anwender in Personalunion bin.
Mir ist bewusst, dass uns „Landkarten" für unsere inneren Reisen wohl tun. Die Landkarte ist nicht das Land – sondern wie der Finger, der zum Mond zeigt. Die Kunst der Manifestation entzieht sich der Logik des Verstandes.

Es bedarf in uns einer Wachheit für die vielen Nuancen, Schichten, Räume, Ebenen und Facetten des Lebens, die alle immer gleichzeitig hier sind. **Immer!**
Es gibt keinen Kosmos „außerhalb".
Trennung ist die grundlegende Illusion.

Ausgerichtete Aufmerksamkeit erlaubt uns, die Echos wahrzunehmen.
Nun, eine „Landkarte" kann uns darin unterstützen, Mehrdimensionalität in uns wach zu halten. Es ist eine Krücke. Nicht mehr. Auch nicht weniger.
Aus dieser Haltung entstand das „Enneagramm der Manifestation";
eine geometrische Figur, die uns daran erinnert, mechanistische Ursache-Wirkungsketten zu durchbrechen und spielerisch das Leben gleichzeitig über mehrere Linsen wahrzunehmen.

- Eine Linse kann unsere dreidimensionale Realität sein, die wir Wirklichkeit nennen.
- Eine andere können Gedankenbilder sein.
- Eine andere unser Fühlen.
- Unser Körper.
- Wieder eine andere die Bereiche jenseits von Raum und Uhrenzeit.

Denken Sie einfach an Quantenphysiker, die sauber zwischen Partikel- und Wellenrealität unterscheiden. Auf der Ebene der Wellenrealität nähern wir uns dem Nullpunkt-Feld |zero-point-field| purer Energie. Reines Potential. Alles ist hier möglich.
Dieser Energie fällt es leichter, eine neue Galaxie zu erschaffen als mir, ein neues Buch zu schreiben. Wir sind nie getrennt von diesem Feld. Aus einer anderen Perspektive sind wir dieses Feld. Aus einer noch anderen gibt es weder uns noch dieses Feld.

Das **„Enneagramm der Manifestation"** ist meine Landkarte für dieses Buch-Projekt und die Signs von Jwala erinnern mich, dass ich jederzeit und allerorts diesen Bewusstseins-Zustand in mir aktivieren kann. Sie natürlich auch! Und falls Sie unsere Landkarten unterstützen, gerne! Wir berühren ja immer unser Inneres. So gesehen ist es nicht wirklich wichtig – ob und wenn ja – welche Landkarte wir verwenden.

Vielleicht sind Sie Schamanin und verwenden die Linse der vier Winde?
Oder Sie sind Mathematiker und surfen so durch Ihre Dimensionen.
Oder Sie sind ein Mensch des Tao; wu-wei.
Jwala und ich verwenden das „Enneagramm der Manifestation" und die Sign-Karten als unsere Navigationshilfen.[11]

Die Karten auf den Tisch zu legen…

… bedeutet an diesem Punkt, Ihnen aus dem Herzen zu sagen: Jeder einzelne Buchbeitrag schwingt für uns wie ein Lied in einem Konzert. Deshalb gaben wir dem Buch ursprünglich diesen Untertitel: „Der Unternehmer als Komponist“. Während des Schreibens wurde dann deutlich, dass dies eine zu geschlossene Sicht ist. So veränderten wir den Untertitel zu: „Das Prinzip gegenseitigen Förderns“ um letztlich zu erkennen, dass es Geschichten sind, die im großen Kontext der Wirtschaft geschrieben werden.

Und es sind strahlende Beispiele; Photonenringe in der Frequenz der Freude, um auf myCocoon hinzuweisen oder Geschichten des Verbunden-Seins, die weitergeschrieben werden auf cuoreVita.net oder auf ONOXO.de. Es sind „Lichtblicke“ aus den unterschiedlichsten Branchen und über den gesamten deutschen Sprachraum verteilt.

Alle Beiträge verbinden Erfolg und Spirit zu einer feinen Musik.

„Musiker aller Länder vereint euch“ – schrieb ich bei Musikerseiten.de. Trefft euch in der Natur, oder wo auch immer, und vielleicht habt ihr Lust auf ein schönes Glas Wein?

edition.SIGN.ag

Jwala und ich haben im Herbst 2007 die „edition.SIGN.ag“ gegründet. Wenn wir etwas von unserem Lebenshintergrund sagen dürfen aus der Haltung von „Karten auf den Tisch“ – so hat sich uns erst nach und nach erschlossen, weshalb wir diesem Ruf folgen sollten. Die Idee kam zu mir und war so stark, dass wir sie realisierten.

Ab März 2008 bieten wir unsere Produkte über www.SIGN.ag an.

Ich habe mehr als ein Jahr gebraucht, um den Sinn dieser Firma für mich tiefer zu erfassen.

Damit teilen wir mit Ihnen, wie wir leben, Jwala und ich:

- Wir haben eine Idee; vernehmen einen Ruf
- bewegen uns in diese Idee hinein wie in ein Hologramm und lauschen auf Stimmigkeit,
- formen die Ursprungsidee und
- machen damit eine Erfahrung.

Im nächsten Schritt reflektieren wir, um diese Erfahrung auch zu verstehen.

Das ist immer im Nachhinein. Wir wissen schon: Die meisten Menschen leben genau umgekehrt. Fast alle denken ohne Ende vor bzw. nach, versuchen im Vorfeld alles zu verstehen und alles zu erklären und wollen dann das Leben in eine bestimmte Richtung zwingen.
Doch uns geht es darum, das Leben geschehen zu lassen, darin unserer eigenen Spur zu folgen, zu steuern, in dem wir mitfließen, um einen Beitrag möglichst zum Wohle aller zu gestalten. Synchronizität ist dabei unser höchstes Staunen.
Wir wollen erleben, wie das funktioniert – um es dann auch zu verstehen.
Das bedeutet natürlich auch, andere in unsere Karten schauen zu lassen.
Dies ist in unserem Verständnis die Intelligenz des Schwarms.

Die Intelligenz des Schwarms

Diese Intelligenz hat es mir angetan. Ein menschlicher Schwarm ist dann förderlich, wenn die Mitglieder bewusst wählen, eine Wegstrecke in einem Schwarm zu fliegen. Die Königsworte heißen: Bewusst. Absichtlich.
Als klare Wahl.
Ansonsten sind wir Mitläufer und ein Fähnlein im Wind.
Ganz anders, wenn wir uns in einer bewussten Entscheidung einem Schwarm anschließen. Warum? Weil wir diesen wählten, um ein Stück des Weges gemeinsam zu gestalten. Vielleicht nur einen Teil. Oder einen Ausschnitt.
Oder einen bestimmten Bereich.
Für andere Zonen unseres Lebensfluges wählen wir einen anderen Schwarm.
Vielleicht den des Arbeitsplatzes oder den der Familie oder Freunde oder unsere Szene, oder? Was auch immer.

Uns wurde bewusst, dass wir die „edition.SIGN.ag“ mit der Intelligenz eines Schwarms führen wollen. Das wiederum haben alle, die im Kern der Firma wirken, bewusst, gut vorbereitet und vor allem freiwillig ebenfalls aus sich selbst heraus gewählt.
Ich werbe um Ihr Verständnis, wenn ich jetzt ein etwas sperriges Wort präsentiere: „**Kompetenzgesteuerte Schwarmintelligenz**“ – ist mir als Beschreibung dazu eingefallen.
Die Gefährten unseres Schwarms haben ihre eigene Kernkompetenz und sind bereit, im jeweiligen Bereich den gesamten Schwarm der Firma „edition.SIGN.ag“ zu führen.[2]

Die Schwarmintelligenz dieses Buches

Bei diesem Buch-Projekt konnten wir erproben, was möglich ist, wenn Menschen, die in keinster Weise von einander abhängig sind – die selbst ihre Firmen haben, die selbst in deutlich unterschiedlichen Gebieten „fliegen“ –

bewusst wählen, ein Stück gemeinsam zu gehen. Als absolut eigenständige Einheiten auf der Ebene von Stimmigkeit. Authentisch. In Achtsamkeit, Respekt und in der Frequenz der Freude. Gleichzeitig verbindlich in der Form dieses Buches. Tatsächlich mag dieses Buch hier ein Mosaiksteinchen sein im Bild einer weltweiten Organisation wie BNI... und doch ist es ein Zeichen wie die Lichtkunst von Yvonne und Klaus Goulbier.
Jwala und ich werden lauschen, ob und wenn ja welcher Klang die eine oder den anderen – oder vielleicht gar alle, die bei diesem Buch-Projekt mitmachten – zu weiteren Liedern stimuliert. Die Leser werden das mitbekommen. Denn unsere Gesellschaft ist vernetzt und eines der Mirakel von Netzwerken ist: Irgendwie sind alle immer da. Das gilt auch für einen Schwarm.
Wie lautet die Mehrzahl des Wortes Schwarm?

SignTime – unser nächstes und bisher größtes Projekt

2010. Wir träumen für dieses Jahr von einer SignTime-Tour mit herzhaften Begegnungen. Wir werden jenen, die sich dafür interessieren, die Kunst der Manifestation aus unserer Sicht zeigen.
Als offene Form wählen wir „Schwarmintelligenz" und „TraumLeben".[3] Wie bei diesem Buch. Nur mit sehr viel mehr Menschen.
Das Projekt „SignTime" stellen wir detailliert auf www.SIGN.ag vor.[4]
Unsere Lust ist, den SignTimern unser Bestes zu geben. Vorbehaltlos. Wir geben ein Potpourri an Unterstützungen wie Videos, CDs, PDFs ... über unsere web-sites. Bieten allen gegenseitige Vernetzungen über www.SignTime.cc. Hinzu kommen Telefon-Seminare, spezielle Veranstaltungen, ein attraktives finanzielles Konzept und vieles mehr.
Und ein neues Verständnis von „Netz" als „Schwarm".

Die Einladung

Zeigen wir uns gegenseitig unsere „Schwärme". Lernen wir voneinander. Legen wir die Karten auf den Tisch. Unterstützen wir einander dort, wo es leicht geht. Leicht soll es gehen. Schön soll es sein.

Das meinen die Schamanen, wenn sie die Kraft des Südwinds rufen.
Die „Große Schlange", die uns hilft, unsere alte Haut abzuwerfen und mit ihr die Verkrüppelungen der Vergangenheit. Es gilt, diese Wunden loszulassen und die Freude der Schönheit zu wählen.
Unser Traum ist, wir initiieren Lichtkreise. Ich meine das weniger im esoterischen Sinn, sondern sehe das deutlich durch eine quantentheoretische Linse. Lichtkreise sind Photonenringe. Diese sehen wir mit der zweiten Aufmerksamkeit. Wenn wir diese Ringe erkennen, dann beginnen wir, einander zu unterstützen. Wie gesagt dort – wo es leicht geht.

Das sind die Geschenke der Schwarmintelligenz:

Geborgenheit in der Gemeinschaft. Individualität und gelebtes Verbunden-Sein. Auch mit dem Größeren in uns und um uns herum. Über-All.

Wir sind so viele.

Etwa 40 Prozent der Menschen in der Ersten Welt haben Toleranz und Resonanz für jene Themen, die dieses Buch berührt.[51] Wir müssen keine Feindbilder nähren – es genügt, unsere sozialen Systeme mit einem lichtvollen Bewusstsein zu durchtränken. Und dann auch analog zu unserer inneren Sicht zu handeln.
Couragiert. Engagiert. Intelligent. Beherzt.

Und wenn nicht wir alle, wer sonst sollte das tun? Wir sind die, auf die wir so lange gewartet haben. Die Evolution geschieht in der jeweiligen Generation; nicht zwischen den Generationen. Es ist so hilfreich, wenn unsere Persönlichkeit „transparent" ist.
Das meinen die alten Wüstenväter, wenn sie uns durch die Zeiten hindurch zurufen: „Sei frei von aller Definiertheit. Tritt ein in dein transparentes Selbst. Du besitzt den Schlüssel zum Kostümfundus deiner vielen Rollen.
Wähle, doch hafte nicht an."

Ich wünsche mir aus der Kraft des Herzens, dass wir global einen id'LOOP machen und dass wir kollektiv in einem evolutionären Superlearning erfassen, konform mit der Natur zu leben. Und zu wirtschaften. Wir laden alle, die Lust haben, auf eine Pirsch ein.
Auf dem Gipfel, den wir alle anstreben, ist Platz genug für uns alle. Freude.

Was ich noch zu sagen hätte …

steht in jedem einzelnen Beitrag. Hier. In diesem Buch.
Danke. Vielen Dank allen!

Laden wir mit einem Gedanken von Jwala
ein Wiedersehen ein:

Der Heimweg

Hab tapfer meinen Kampf gekämpft,
Hab mich vertraut gemacht.
Ich trete jetzt den Heimweg an
und folge
singend
meiner Spur.

Jwala und Karl Gamper
Claudiaschlössl
Claudiaplatz 4-6
6233 Kramsach/Tirol
Austria

www.SIGN.ag
www.gamper.com
www.SignTime.cc
www.meinWeg.cc

0| Das Landhaus am Areal des Claudiaschlössl vermieten wir als „Urlaub am Kraftplatz“ zu fairen Konditionen.

1| www.SIGN.ag

2| siehe Bonusmaterial, Seite 186.
In diesem eBook schreibe ich mehr über Schwarmintelligenz und weise auch auf weitere Quellen hin.

3| www.gamper.com

4| Ebenso auf meinem Blog: www.manifestation.cc und www.SignTime.cc

5| Siehe auch: Der Aufbruch der Kulturell Kreativen im Buch „So schön kann Wirtschaft sein“.

Kraftplatz Claudiaschlössl

bonusmaterial

DVD's haben uns zu dieser Idee inspiriert. Zu fast allen Filmen gibt es Bonusmaterial. Hintergründe zu den Drehs werden gezeigt oder Interviews. Doch bei Büchern haben wir so etwas bisher noch nie gefunden.
Also machen wir den Anfang…

Die SpannerWelt

Helmut Spanner ist Chef der SpannerWelt. Wir lernten einander kennen, als ich für das Buch „Es ist alles gesagt" recherchierte. Das war 2007. Helmut ist Techniker, diplomierter Maschinenbauer von der Ausbildung her – doch seine Leidenschaft gilt dem Unternehmertum. Gleichzeitig ist das zu pauschal gesagt. Denn Helmut hat einen weltoffenen Blick, eine gesunde Passion für das Hintergründige, für Grenzbereiche, lässt sich aus den unterschiedlichsten Gebieten inspirieren, liebt seine Familie und ist ein – wie soll ich sagen – ebenso lässiger wie verantwortungsbewusster Chef. Ich war immer wieder in einem seiner Werke oder Gast bei diversen Firmenfesten. Und jedes Mal war ich berührt vom kameradschaftlichen, zutiefst menschlichen Ton, mit dem alle dort miteinander umgehen.
Für mich ist das gelebte Partnerschaft. **www.spanner.de**

Helmut Spanner initiierte „Denken von außen"; ein Projekt für seine mittelständischen Unternehmen. Ich hatte die Ehre, dieses Projekt zu eröffnen. Im Kern steht die Einstein'sche Erkenntnis, dass wir Probleme nie auf der Ebene lösen, auf der sie ihre Wurzeln haben.
Es braucht in uns die Fitness, andere Dimensionen einzuladen.

„Denken von außen"

ist als Veranstaltungsreihe in loser Folge gedacht. Helmut Spanner hat mich engagiert, um einen Vortrag zu halten und anschließend ein eBook darüber zu schreiben. Beides ist geschehen. Nun kamen Jwala und ich auf die Idee, dieses eBook um Teil II und Teil III zu erweitern, um es Ihnen als „Bonusmaterial" anzubieten.

Teil I

„Der Läufer, die Forelle, der Zen-Meister, die Hüterin der Schau"
In diesem Teil geht es um einen Läufer, der angetreten ist, um einen seit mehr als 100 Jahren bestehenden Rekord zu brechen. Fasziniert beobachtet der Läufer eine Forelle, die in einem Wasserfall nach oben „springt". Das ist

technisch ganz und gar unmöglich. Die Flossengröße, der Kraftaufwand … diese und andere Faktoren lassen einen Sprung in diese Höhe nie und nimmer zu. Ähnlich der Hummel. Diese dürfte auch nicht fliegen können… aus wissenschaftlicher Sicht.
Doch: Die Forelle springt. Die Hummel fliegt … Welches Prinzip wirkt?!

Teil II

„Der springende Punkt"
Was müssen Sie wirklich verinnerlicht haben, um vom „Goldenen Fluss" des Lebens rundum genährt zu werden? Es geht um unsere inneren Voraussetzungen; um unsere Innen-Arbeit. Dazu bedarf es eines Grund-Verständnisses! Es geht um die Vermählung von Wissen und Können.

Teil III …

„Die Erdung"
Es gilt eine Schwelle zu übertreten, um vom Raum der Gefühle und Gedanken in den Raum physischen Erlebens zu gelangen. Wir bauen Ihnen eine Brücke über diese Schwelle.

So bekommen Sie Ihr Bonusmaterial

1 | besuchen Sie www.SIGN.ag.
2 | Schauen Sie unter Bücher „Denken von außen"
3 | Es kostet: € 19,90.
4 | Sie bekommen es kostenlos, wenn Sie Besitzer von „Erfolg ist menschlich" sind.
Dann bitte dieses Kennwort eingeben:
SpannerWelt

Denken von außen

Eine Initiative von Helmut Spanner. Ein Projekt mit Karl Gamper. Autor.
Ich danke Helmut Spanner, der dieses Projekt äußerst großherzig sponserte.

Jwala und ich widmen dieses eBook Ihnen.
Für Sie maximalen Gewinn und die Freude des Herzens.

Wie alle unsere Projekte haben wir auch dieses eBook „Denken von außen" in unserem Stil gestaltet. Das bedeutet, wir investieren Zeit, Geld und Herzblut, um unseren Lesern das aus unserer Sicht Beste zu geben. Bitte verwenden Sie das Kennwort zum kostenlosen Download nur, wenn Sie Besitzer von „Erfolg ist menschlich" sind. Danke.

Titel des eBooks: **Leichte Zeiten** | Projektname: **Denken von außen**
Kennwort: **SpannerWelt** | Download auf: **www.SIGN.ag**

Liebe ist so praktisch

von Jwala Gamper

Als Karl an diesem Punkt seines Buches anlangte, hielten wir ein paar Tage inne und spürten genau nach:
Was will noch gesagt werden?
Und: Wer von uns beiden sollte die letzten Seiten mit Inhalt füllen?

Schnell war klar: Ich sollte es sein.
Warum?
Nicht nur, weil ich die Praktischere von uns beiden bin. Karl hat bereits seinen vollen Beitrag geleistet. Damit war für ihn an dieser Stelle alles gesagt.

Der wahrhaftigste Grund ist:

Ich will mit Ihnen meine Freude teilen.

Freude in Form gebracht

Freude verstehen Karl und ich als eine Frequenz. Unser permanentes Üben ist: Uns kontinuierlich auf diese Frequenz auszurichten.
Das heißt nicht, dass wir nur noch grinsend durch die Gegend laufen.
Nein: Wir haben uns intensivst mit dem Thema Angst – dem Gegenpol der Freude/Liebe – auseinandergesetzt und sind dabei tiefsitzenden Ängsten begegnet. Lassen Sie mich darauf bitte nicht eingehen, denn es geht mir nicht um die „Storys".

Wir haben lernen dürfen, dass wir die Wahl haben, ob wir Angst oder Freude wählen.

Wir konnten zuschauen, wie unser beider Leben „glaublich" freudvoll wurde. Jeden Tag mehr. Und wie damit alles, alles leichter wurde.

Die Erfahrungen aus dieser Lebens-Schulung haben wir daraufhin in einem sehr effektiven und starken 21-Tage-Programm kostenlos ins Internet gestellt. [11]

10-Tausende Menschen haben sich seitdem ihren Ängsten gestellt und bei sehr vielen davon – so das Feedback! – hat sich das Leben danach wesentlich erfreulicher gezeigt.

[11] www.meinWeg.cc – der Adler befreit sich. Das kostenlose 21-Tage-Programm von Jwala und Karl Gamper.

So schön kann Wirtschaft sein [1]

Was ist der Grund für diese Freude?
Warum wird es plötzlich in uns allen und um uns herum so hell?

Weil wir die Wahl getroffen haben. Wir wählen die Freude!

- Die Freude am authentischen Ausdruck.
- Die Freude am Geld verdienen.
- Die Freude, auf dem Marktplatz zu stehen und mit dem, was wir „feilbieten“ ein elementares Bedürfnis zu befriedigen.
- Die Freude, einen Unterschied zu machen und damit Begeisterung auszulösen.
- Und: Die Freude, „Fackelträger“ zu sein in einer Gesellschaft und in einer Wirtschaft, für die laut Diagnose eine radikale Veränderung ansteht.

[2]

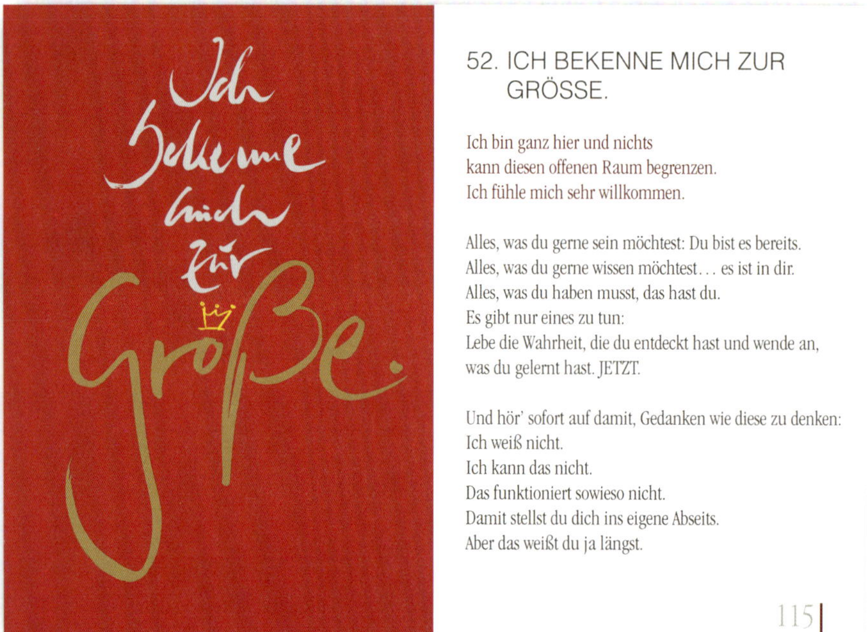

52. ICH BEKENNE MICH ZUR GRÖSSE.

Ich bin ganz hier und nichts
kann diesen offenen Raum begrenzen.
Ich fühle mich sehr willkommen.

Alles, was du gerne sein möchtest: Du bist es bereits.
Alles, was du gerne wissen möchtest… es ist in dir.
Alles, was du haben musst, das hast du.
Es gibt nur eines zu tun:
Lebe die Wahrheit, die du entdeckt hast und wende an,
was du gelernt hast. JETZT.

Und hör' sofort auf damit, Gedanken wie diese zu denken:
Ich weiß nicht.
Ich kann das nicht.
Das funktioniert sowieso nicht.
Damit stellst du dich ins eigene Abseits.
Aber das weißt du ja längst.

115

1| "So schön kann Wirtschaft sein“. Karl Gamper bietet in seinem Buch, das bei der Verlagsgruppe Kamphausen erschien, schöne und freudvolle Lösungen für Themen, die so wichtig sind: Kommunikation, Geld, Zeit.

2| Doppelseite aus dem Buch „Fingerzeige“.
Das Buch ist Teil der Sign-Karten-Tasche von Jwala Gamper.

SignTime

Es passiert überall. Immer mehr Menschen zünden ihre Feuer an.
Wir teilen unsere Schätze, stecken die Köpfe zusammen und ermutigen uns gegenseitig, der kollektiven Angst-Mache die Stirn zu bieten.

Ich habe ein Brennen:

Ich sehe vor meinem inneren Auge viele, viele SignTimer.
Frauen und Männer, die andere Menschen mithilfe der 54 SignKarten und der „Fingerzeige" unterstützen, sich innerlich und äußerlich aufzurichten.
Sie wissen, was ich meine.

Ich beobachte diesen Traum in die Realität: Innerhalb weniger Wochen sind es bereits Dutzende von SignTimerInnen in Deutschland, Österreich, der Schweiz, Südtirol, auf Mallorca, im Elsass… Es sind schon viele.
Und ich höre nicht auf zu brennen, bis es sehr, sehr viele sind.

Darf ich Ihnen noch sagen, wie viel Freude mir dieser Traum bereitet?

Neue Beziehungen

Viele Menschen wollen sich und anderen in Gesprächen intensiver begegnen. Die SignKarten und die Fingerzeige sind enorm förderlich, weil sie hierfür als „Tore ins Sein" dienen.

Neue Strukturen

Wir wählten für die „SignTime" eine einfache, gläserne und vor allem freiwillige Struktur mit ein paar sinnvollen Spielregeln. Jedem bietet sich eine Möglichkeit, nicht nur zu mehr Freude und Leichtigkeit beizutragen, sondern – ganz ohne Druck – auch einen finanziellen Gewinn zu erleben.
Wenn da keine Freude aufkommt …!

Neue Öffentlichkeit

Wer dies will, der kann sich als „SignTimer" eintragen lassen auf www.SignTime.cc
Auf diese Weise können leicht Vernetzungen und Verbindungen unter allen „Sign-Timern" geschehen. Spontan und selbstoganisierend. Freiwillig.

Neue |Geschäfts-|Realität

Unser Modell ist der intelligente „Schwarm". Jeder Einzelne wird in Würde und „auf Augenhöhe" gesehen und wahrgenommen.

Innere Verbindung

Die innere Verbindung sind die SignKarten, die Individualität und Selbstausdruck ebenso fördern wie Vertrauen ins Leben und zu unserer wahren Größe.
Jede Frau und jeder Mann beteiligt sich an diesem Spiel auf ihre/seine eigene Weise. In Stimmigkeit.

Damit ist auch für mich vorerst alles gesagt.
Ja. Liebe ist so praktisch!

Und JETZT beginnen Ihre leeren Seiten.

Wir sehn uns.